**Berichte aus dem
Institut für Umformtechnik
der Universität Stuttgart**

Herausgeber: Prof. Dr.-Ing. K. Lange

86

Winfried Nester

Beanspruchung von Napf-Rückwärts-Fließpreßmatrizen aus Keramik infolge mechanischer Belastung und Temperatureinwirkung

Mit 66 Abbildungen und 2 Tabellen

Springer-Verlag
Berlin Heidelberg New York Tokyo 1986

Dipl.-Ing. Winfried Nester
Institut für Umformtechnik
Universität Stuttgart

Dr.-Ing. Kurt Lange
o. Professor an der Universität Stuttgart
Institut für Umformtechnik

D 93

ISBN-13:978-3-540-16845-4   e-ISBN-13:978-3-642-82856-0
DOI: 10.1007/978-3-642-82856-0

Gesamtherstellung: Copydruck GmbH, Offsetdruckerei, Industriestraße 1-3, 7258 Heimsheim
Telefon 0 70 33/38 25-26

2362/3020—543210

Die Umformtechnik zeichnet sich durch sehr gute Werkstoffaus-
wertung und hohe Mengenleistung in der Serienfertigung gegenüber anderen Fertigungsverfahren aus, wobei Beibehaltung der
Masse, Änderung der Festigkeitseigenschaften während eines Vorgangs und elastische Rückfederung der Werkstücke nach einem
Vorgang wesentliche Merkmale sind. Weiter sind die benötigten
Kräfte, Arbeiten und Leistungen sehr viel größer als z.B. bei
spanenden Verfahren. Die sichere Beherrschung eines Verfahrens
in der industriellen Fertigung und die zunehmende Forderung
nach Vermeidung bzw. Minimierung spanender Nacharbeit erzwingen
die geschlossene Betrachtung des Systems "Umformende Fertigung"
unter zentraler Berücksichtigung plastizitätstheoretischer,
werkstoffkundlicher und tribologischer Grundlagen.

Das Institut für Umformtechnik der Universität Stuttgart stellt
entsprechend Forschung und Entwicklung zum einen auf die Erar-
beitung von Grundlagenwissen in diesen Bereichen ab, zum anderen
untersucht und entwickelt es Verfahren unter Anwendung speziel-
ler Meßtechniken mit dem Ziel einer genauen quantitativen Ermittlung des Einflusses der Parameter von Vorgang, Werkstoff,
Werkzeug und Maschine. Die Behandlung von Problemen des Maschi-
nenverhaltens, der Maschinenkonstruktion sowie der Werkzeugaus-
legung und -beanspruchung, der Auswahl hochbeanspruchbarer,
verschleißfester Werkzeugbaustoffe und schließlich der Tribo-
logie gehört entsprechend ebenfalls zum Arbeitsgebiet, das
durch die Erfassung organisatorischer und betriebswirtschaft-
licher Fragen abgerundet wird.

Im Rahmen der "Berichte aus dem Institut für Umformtechnik" er-
scheinen in zwangloser Folge jährlich mehrere Bände, in denen
über einzelne Themen ausführlich berichtet wird. Dabei handelt
es sich vornehmlich um Abschlußberichte von Forschungsvorhaben,
Dissertationen, aber gelegentlich auch um andere Texte. Diese
Berichte sollen den in der Praxis stehenden Ingenieuren und
Wissenschaftlern zur Weiterbildung dienen und eine Hilfe bei
der Lösung umformtechnischer Aufgaben sein. Für die Studieren-

den bieten sie die Möglichkeit zur Vertiefung der Kenntnisse.
Die seit zwei Jahrzehnten bewährte freundschaftliche Zusammen-
arbeit mit dem Springer-Verlag sehe ich als beste Voraussetzung
für das Gelingen dieses Vorhabens an.

Kurt Lange

V o r w o r t

Die vorliegende Arbeit entstand während meiner Tätigkeit als wissen-
schaftlicher Mitarbeiter am Institut für Umformtechnik der Universität
Stuttgart.

Herrn Professor Dr.-Ing. K. Lange danke ich für sein Vertrauen, seine
Unterstützung bei der Anfertigung dieser Arbeit sowie für zahlreiche
wertvolle Anregungen und Hinweise.

Herrn Professor Dr.-Ing. K. Langenbeck bin ich für sein Interesse an dieser Untersuchung und die eingehende Durchsicht der Arbeit dankbar.

Mein Dank gilt ferner allen Mitarbeiterinnen und Mitarbeitern des Insti-
tuts für Umformtechnik, die durch ihre Hilfe meine Arbeit unterstützt
haben.

Ebenfalls danken möchte ich Herrn Dr. Fingerle und Herrn Dipl.-Ing.
W. Ratzel von der Feldmühle AG in Plochingen für wertvolle Diskussionen.

Die Mittel zur Durchführung der Untersuchung wurden vom Ministerium für
Wirtschaft, Mittelstand und Technologie Baden-Württemberg, dem Arbeits-
kreis für Entwicklung und Erforschung des Kaltpressens und der Deutschen
Forschungsgemeinschaft zur Verfügung gestellt. Für diese Förderung bin
ich gleichfalls zu Dank verpflichtet.

Stuttgart, im Januar 1986

                              Winfried Nester

Inhaltsverzeichnis

Verzeichnis der wichtigsten Abkürzungen und Formelzeichen

Zeichen	Einheit	Benennung
A	mm²	Fläche
A_q	mm²	Oberfläche mit Wärmeübergang
a	m²/s	Temperaturleitfähigkeit
$\underline{a}$	mm	Knotenpunktsverschiebungen des Elementes
b	Ws$^{1/2}$/(Km²)	Wärmeeindringkoeffizient
$\underline{\underline{b}}$	-	Boolesche Zuordnungsmatrix (Element/Struktur)
C	m^{-1}	geometrischer Formfaktor
$\underline{\underline{C}}$	J/K	Gesamtkapazitätsmatrix
$\underline{\underline{C}}^*$	W/K	effektive Gesamtkonduktivitätsmatrix
$\underline{\underline{C}}_e$	J/K	Elementkapazitätsmatrix
c	J/(kgK)	spezifische Wärmekapazität
D	mm	Durchmesser
$\underline{D}$	-	Vektor der Differentialoperatoren
$\underline{\underline{D}}$	-	Matrix der Differentialoperatoren
$\underline{D}_n$	-	Richtungskosinus der Normalen $\underline{n}$
d	mm	Innendurchmesser
E	N/mm²	Elastizitätsmodul
$\underline{\underline{E}}$	N/mm²	Elastizitätsmatrix
F	N	Kraft
$\underline{F}$	N	äußere Knotenpunktskräfte der Gesamtstruktur
$\underline{f}$	N	äußere Knotenpunktskräfte des Elementes
h_D	mm	Druckraumhöhe
h_M	mm	Matrizenhöhe
$\underline{\underline{K}}$	N/mm²	Gesamtsteifigkeitsmatrix
$\underline{\underline{k}}$	N/mm²	Elementsteifigkeitsmatrix
k_f	N/mm²	Fließspannung
$\underline{\underline{N}}$	-	Matrix der Ansatzfunktionen der Verschiebungen
$\underline{n}$	-	Flächennormale
$\underline{p}$	N/mm²	Vektor der Oberflächenlasten
p_{ax}	N/mm²	axiale Werkzeugvorspannung
p_i	N/mm²	Innendruck
$\underline{p}_{st}$	N/mm²	auf die Stempelquerschnittsfläche bezogene Stempelkraft
$\underline{Q}$	W	Wärmelastvektor auf Gesamtstrukturebene

Zeichen	Einheit	Benennung
$\underline{Q}^*$	W	effektiver Wärmelastvektor auf Gesamtstruktur-ebene
$\underline{Q}_e$	W	Wärmelastvektor auf Elementebene
$\underline{q}$	W/mm²	Vektor der Wärmestromdichte
$\underline{q}_{\varepsilon_O}$	N	Knotenpunktskräfte infolge Anfangsdehnungen
$\underline{q}_p$	N	Knotenpunktskräfte infolge Oberflächenlasten
q_R	W/mm²	Wärmestromdichte infolge Reibarbeit
R_a	µm	Mittenrauhwert
R	K	erster Wärmespannungsparameter
R'	W/m	zweiter Wärmespannungsparameter
R_m	N/mm²	Zugfestigkeit
R_{pm}	µm	gemittelte Glättungstiefe
R_{ZDIN}	µm	gemittelte Rauhtiefe
r,z,ϑ	mm, mm, °	Zylinderkoordinaten
$\underline{r}$	mm	Knotenpunktsverschiebungen der Gesamtstruktur
T	°C	Temperatur
$\bar{T}$	°C	vorgeschriebene Temperatur
T_∞	°C	Umgebungstemperatur
t	s	Zeit
t_B	s	Druckberührzeit
$\underline{u}$	mm	Vektor der Verschiebungen innerhalb des Elementes
V	mm³	Volumen
x,y,z	mm,mm,mm	kartesische Koordinaten
α	W/(m²K)	Wärmeübergangskoeffizient
α_l	K^{-1}	thermischer Längenausdehnungskoeffizient
$\underline{\varepsilon}$	-	Vektor der Dehnungen
ε_A	-	relative Querschnittsänderung
ζ	-	Zeitintegrationsfaktor
ϑ	°C	Temperatur
$\vartheta_{i,s}$	°C	stationäre Matrizeninnenwandtemperatur
ϑ_K	°C	Kontakttemperatur: Werkstück/Werkzeug $\vartheta_K = \vartheta_m + \Delta\vartheta_R$
ϑ_m	°C	Kontakttemperatur ohne Berücksichtigung der Reibarbeit
$\Delta\vartheta_R$	K	Erhöhung der Kontakttemperatur infolge Reibarbeit

Zeichen	Einheit	Benennung
$\Delta\vartheta_U$	K	Erhöhung der Werkstücktemperatur infolge Umformarbeit
ϑ_V	°C	stationäre Werkzeugvorwärmtemperatur
ϑ_{WZ}	°C	Werkzeuggrundtemperatur
λ	W/(mK)	Wärmeleitfähigkeit
λ_p	-	Profilleeregrad
μ	-	Reibzahl
ν	-	Poissonzahl
ξ	°/₀₀	relatives Haftmaß
ϱ	g/cm³	Dichte
$\underline{\sigma}$	N/mm²	Spannung
$\underline{\tau}$	N/mm²	Schubspannung
φ	-	Umformgrad
$\underline{\omega}$	-	Ansatzfunktionen für die Temperaturen

Indizes

e	Element
F	Fuge
i	Innen...
max	Maximal...
n	laufende Größe am Anfang
n+1	am Ende des Zeitschrittes
R	Reibung
r	Radial...
s	stationär
St	Stempel
t	Tangential...
v	Vergleichs..., Vorwärm...
WS	Werkstück
WZ	Werkzeug
z	Axial...
Δ	Inkrement
0	Anfangs...

Indizes

1	innere Fuge
2	äußere Fuge
hochgestelltes T	transponierte Matrix
" "	Vektor
" "	Matrix

Abkürzungen

FEM	Finite-Elemente-Methode
GEH	Gestaltänderungsenergiehypothese
NRFP	Napf-Rückwärts-Fließpressen

Hinweis

$1\ \text{N/mm}^2 = 1\ \text{MPa}$

1   Einleitung und Aufgabenstellung

Die Wirtschaftlichkeit der Kaltfließpreßverfahren wird wesentlich beeinflußt von der Standzeit der Werkzeuge, deren Herstellung in der Regel sehr teuer ist. Diese Werkzeuge sind fast immer mehrteilig ausgeführt. Sie bestehen aus einem formgebenden Werkzeugteil (Matrize) und einem oder mehreren Armierungsringen. Die Matrizen werden vielfach aus Hartmetallen hergestellt, die besonders verschleißfest sind. Wolfram und Kobalt, die Hauptbestandteile dieser Hartmetalle, sind jedoch sehr teuer, und ihre Vorräte werden immer knapper. Die Suche nach geeigneten Ersatzwerkstoffen ist deshalb von großer Bedeutung für die Zukunft. Hierfür bieten sich keramische Werkzeugwerkstoffe an.

Die keramischen Werkzeugwerkstoffe zeichnen sich wie die Hartmetalle durch hohe Druckfestigkeit, hohe Härte und große Verschleißfestigkeit aus. Darüber hinaus haben sie nur eine geringe Neigung zum Verschweißen mit Metallen und sind wesentlich leichter als Hartmetalle. Außerdem besitzen sie den entscheidenden Vorteil, daß die zu ihrer Herstellung benötigten Rohstoffe (z.B. Bauxit für Aluminiumoxid) in beliebig großen Mengen verfügbar sind [1, 2]. Ihre entscheidenden Nachteile sind die Empfindlichkeit gegenüber Zugspannungen, die infolge mechanischer Belastung oder Temperatureinwirkung auftreten können, sowie ihre Sprödigkeit.

Die mechanische und thermische Beanspruchung der Fließpreßmatrizen ist sehr hoch (Bild 1). Die Fließpreßkraft verursacht Radialkräfte auf die Matrizeninnenwand, die tangentiale Zugspannungen in der Matrize hervorrufen. Um diese Zugspannungen abzubauen, sind genügend hohe tangentiale, Druckvorspannungen notwendig. Die Matrizen werden deshalb armiert. Außerdem führt der Fließpreßvorgang zu einer Temperaturerhöhung im Werkstück. Nach einer Kaltumformung sind in Abhängigkeit vom Werkstoff zwischen 85 % und 95 % der Umformarbeit als Wärme im Werkstück enthalten [3]. Ein Teil dieser Wärme fließt während der Druckberührzeit in die Matrize und erwärmt diese. Zusätzlich entsteht in der Wirkfuge zwischen Werkstück und Matrizeninnenwand Reibwärme, die ebenfalls zu einer Temperaturerhöhung in der Matrize beiträgt. Bei der Herstellung eines einzelnen Werkstücks bildet sich ein instationäres Temperaturfeld; in der Serienproduktion tritt dagegen ein stationäres Temperaturfeld mit überlagerten instationären Schwankungen auf. Die Temperatureinwirkung ruft Wärmespannungen hervor, die sich den

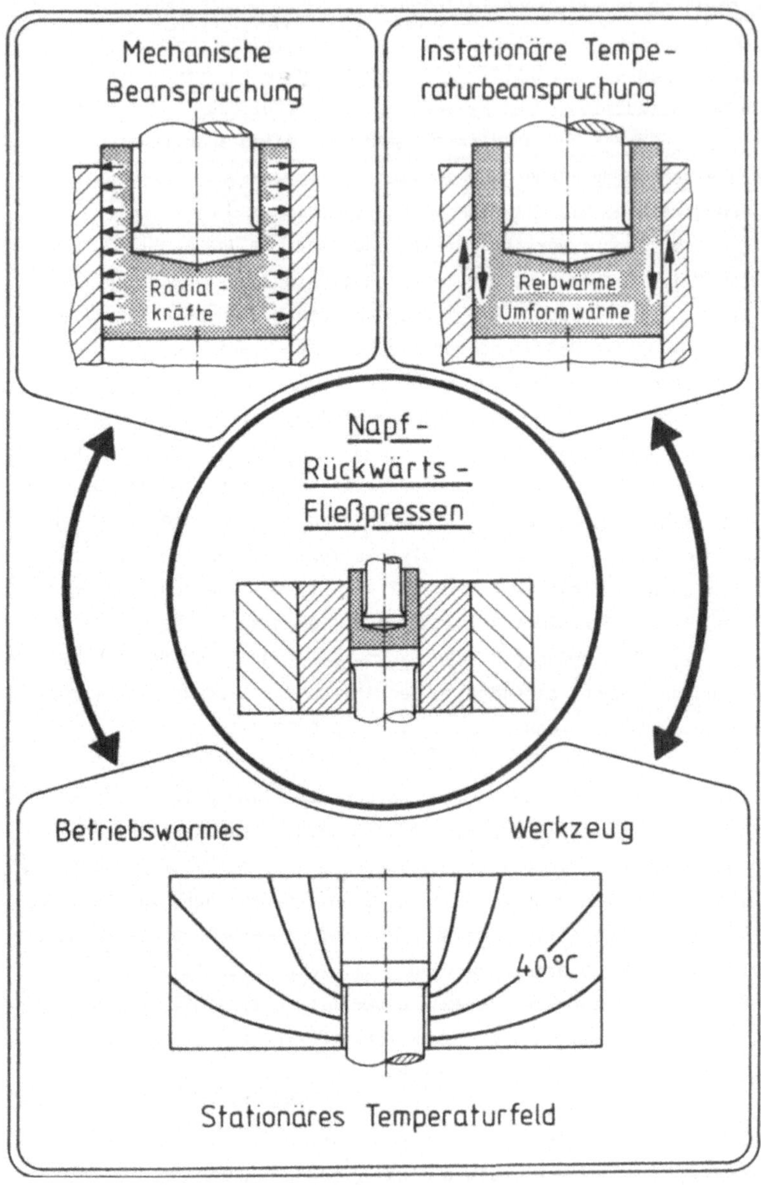

Bild 1: Werkzeugbeanspruchung beim Napf-Rückwärts-Fließpressen.

mechanischen Spannungen aufgrund des Werkzeuginnendrucks und der Werkzeugvorspannung überlagern.

Das Ziel der vorliegenden Untersuchung ist es, einen Beitrag zur Prüfung
der Verwendbarkeit von Keramikmatrizen für das Napf-Rückwärts-Fließpressen
bei Raumtemperatur zu leisten. Im Mittelpunkt soll die Frage stehen, ob
sich die Temperaturbeanspruchung der Matrize durch eine Werkzeugvorwärmung
vermindern läßt. Die zugrunde liegenden keramischen Werkzeugwerkstoffe
sind Zirkonoxid (ZrO_2) und Aluminiumoxid (Al_2O_3). Zirkonoxid besitzt eine
äußerst geringe Wärmeleitfähigkeit und Aluminiumoxid einen großen Elastizitätsmodul. Außerdem wird auf Siliziumnitrid (Si_3N_4), das einen sehr niedrigen thermischen Längenausdehnungskoeffizienten aufweist, eingegangen.

Die Beanspruchung der Matrize infolge mechanischer Belastung und instationärer Temperatureinwirkung wird mit Hilfe der Methode der finiten Elemente
berechnet. Dabei wird die angenommene instationäre Temperaturbelastung auf
ein nicht vorgewärmtes, ein von außen vorgewärmtes oder ein betriebswarmes
Werkzeug aufgebracht. Ferner wird der Temperatureinfluß auf die Werkzeugvorspannung und die Beanspruchung der Armierung ermittelt. Außerdem wird
die Beanspruchung der Keramikmatrize mit derjenigen von einer Hartmetall-
und einer Schnellarbeitsstahlmatrize bei denselben Randbedingungen verglichen. Der Einfluß einer axialen Vorspannung auf die mechanische Beanspruchung der Matrize wird aufgezeigt.

In einem experimentellen Teil sollen die gewonnenen Aussagen sowie die
grundsätzliche Eignung von Keramikmatrizen für das Napf-Rückwärts-Fließpressen geprüft werden. Hierzu werden Versuche in einer Matrize aus ZrO_2
und einer aus Al_2O_3 durchgeführt.

2   Stand der Erkenntnisse

Die Auswertung des Schrifttums wurde unter folgenden Gesichtspunkten vorgenommen:

- Bekannte Berechnungsverfahren zur Auslegung von armierten Fließpreßmatrizen

- Werkzeugbeanspruchung durch Temperatureinwirkung

- Anwendung keramischer Werkzeugwerkstoffe in der Umformtechnik.

2.1   Auslegung von armierten Fließpreßmatrizen

Allen bekannten Berechnungsverfahren zur Auslegung von armierten Fließpreßmatrizen liegt eine statische Innendruckbelastung zugrunde. Grundlegende, systematische Untersuchungen über die Beanspruchung von Fließpreßmatrizen, die zusätzlich zu der mechanischen Belastung die Temperatureinwirkung aufgrund der Umformwärme berücksichtigen, sind nicht bekannt.

Zur Berechnung von Spannungen und Dehnungen in Fließpreßwerkzeugen standen vor Einführung moderner Rechenanlagen nur geschlossene analytische Rechenansätze zur Verfügung, die auf die Gleichungen von Lamé [4] zurückgehen. Dabei wurden vereinfachende Annahmen zugrunde gelegt: ein ebener Spannungszustand, ein linear-elastisches Werkstoffverhalten, ein dickwandiger, unendlich langer Hohlzylinder und eine konstante Belastung über der gesamten Zylinderlänge.

Grundlegende Arbeiten nach dieser Theorie in jüngerer Zeit stammen von Friedewald [5, 6] und Adler/Walter [7], deren Ergebnisse die Grundlagen für die VDI-Richtlinien 3176 [8] und 3186 [9] darstellen. Dabei wird zwischen zwei Auslegungskriterien für Preßverbände unterschieden:

1. Alle Fügeteile erreichen gleichzeitig die Streckgrenze.
2. Im Innenring sollen auch bei Betriebsbelastung keine tangentialen Zugspannungen auftreten, was für Keramik und Hartmetall entscheidend ist.

Lamé verwendete zur Ableitung seiner Gleichungen eine der Normalspannungs-
hypothese (Theorie der maximalen Dehnung) vergleichbare Theorie. Friedewald gebrauchte dagegen die beiden Fließbedingungen nach von Mises/Henky
(Gestaltänderungsenergiehypothese) und nach Tresca/Mohr (Schubspannungshypothese). In den Beziehungen von Friedewald ist auch der Fall unter-
schiedlicher Elastizitätsmoduln für Matrize und Armierung enthalten.
Adler/Walter berechneten ähnlich wie Grüning [10] die Belastbarkeit eines
n-fachen Preßverbandes durch die Überlagerung der zulässigen Belastungen
für die einzelnen Ringe unter Verwendung der Schubspannungshypothese.
Dabei wird vorausgesetzt, daß alle Ringe aus Stahl bestehen und den gleichen Elastizitätsmodul besitzen. Eine ausführliche Darstellung des Berech-
nungsverfahrens nach Adler/Walter mit einer programmtechnischen Aufberei-
tung findet sich in [11].

Die bisher genannten Berechnungsverfahren gehen, wie erwähnt, von stark
vereinfachenden Annahmen aus. Die Berücksichtigung realer Geometrie- und
Belastungsverhältnisse wie endliche Werkzeuglänge und begrenzte Druckraumhöhe ist seit Anwendung numerischer Näherungsverfahren, zu denen die
Differenzenmethode und die FEM gehören, möglich. Kudo/Matsubara [12] berechneten mit der Differenzenmethode die Spannungsverteilung in Fließpreßmatrizen endlicher Länge bei variierter Druckraumhöhe. Systematische
Untersuchungen an Fließpreßmatrizen mit der FEM wurden von Krämer [13] für
linear-elastisches und von Neitzert [14] für elastisch-plastisches Werkstoffverhalten durchgeführt. Dabei wurde der Einfluß der wichtigsten Kenn-
größen rotationssymmetrischer Werkzeuge wie Durchmesser, Vorspannung, Betriebsbelastung und Elastizitätsmodul auf den Verschiebungs- und Spannungszustand untersucht. Außerdem wurden Berechnungsnomogramme zur Auslegung
von einfach und doppelt armierten Matrizen aufgestellt.

Das ICFG Dokument Nr. 5 [15] enthält eine ausführliche Darstellung analy-
tischer Gleichungen nach Adler/Walter sowie mit der FEM berechneter Nomo-
gramme zur Auslegung armierter Fließpreßwerkzeuge unter Berücksichtigung
verschiedener Elastizitätsmoduln für Matrize und Armierung.

2.2 Größe der Umformtemperatur und ihr Einfluß auf die Werkzeugbeanspruchung

Nach einer Kaltumformung sind, wie erwähnt, in Abhängigkeit vom Werkstoff zwischen 85 und 95 % der Umformarbeit als Wärme im Werkstück enthalten. Ein Teil dieser Wärme fließt in das Werkzeug und heizt dieses auf.

Leykamm [16] hat die Temperaturverhältnisse für die Umformverfahren Hohl-Vorwärts-Fließpressen und Abstreckgleitziehen betrachtet. Unter Benutzung der Gleichungen von Siebel [17] für die Umformkräfte hat er die mittlere Temperaturerhöhung im Werkstück aufgrund der Umformwärme für die Werkstoffe Al, ECu und QSt 32-3 berechnet. Dabei wurde auch berücksichtigt, daß die in der Wirkfuge aufgebrauchte Reibarbeit ins Werkstück geleitet wird. Diese Berechnungsweise stellt nach Kopp [18] eine brauchbare Näherungsmethode dar. Die größten Temperaturerhöhungen ergaben sich für QSt 32-3 und betragen für das Hohl-Vorwärts-Fließpressen (Umformgrad φ = 1,4; Werkzeugöffnungswinkel 2α = 120° und Reibzahl μ = 0,1) 260K und für das Abstreckgleitziehen (φ = 0,8; 2α = 30° und μ = 0,07) 140K. Leykamm hat außerdem mit Hilfe von Thermoelementen den Temperaturanstieg im umgeformten Werkstück und im Werkzeug zu Beginn einer Versuchsserie sowie den Temperaturverlust des Werkzeugs bei Versuchsunterbrechung gemessen. Dabei ergaben sich, wie zu erwarten, sehr schnelle Temperaturänderungen in umformzonennahen Werkzeuggebieten; dagegen ändern tiefer im Werkzeug liegende Bereiche ihre Temperaturen nur langsam.

Das Werkzeug wird durch die Temperatureinwirkung aufgrund der Umformwärme stark beansprucht. Die in der Oberflächenschicht vorhandenen thermischen Druckspannungen besitzen allerdings den Vorteil, daß sie den infolge mechanischer Belastung des Werkzeugs verursachten Zugspannungen entgegenwirken [19]. In [20, 21] wird gezeigt, daß diese thermischen Druckspannungen zu einer "inneren thermischen Armierung" von Schmiedegesenken führen. Die Spannungen in der Gravuroberfläche (σ_{vmax} = 1250 N/mm²) aufgrund mechanischer Belastung und instationärer Temperatureinwirkung auf ein betriebswarmes Gesenk (Werkzeuggrundtemperatur in der Gravuroberfläche ϑ_{wz} = 250°C) liegen um ungefähr 16% unter den Werten eines homogen auf 150°C durchgewärmten Gesenks. Die Randbedingungen für die Berechnung sind: Werkstücktemperatur ϑ_{ws} = 1200°C, Wärmeübergangskoeffizient α = 2,32·10^4 W/(m²K), Werkzeuginnendruck p_i = 800 N/mm² und Druckberührzeit t_B = 0,1 s.

Eine radiale oder axiale Vorwärmung des Gesenks führt zu Spannungen, die noch über denen eines homogen durchgewärmten Gesenks liegen.

2.3 Anwendung keramischer Werkzeugwerkstoffe in der Umformtechnik

Im Schrifttum wird bisher größtenteils nur über allgemeine Erfahrungen mit keramischen Werkzeugwerkstoffen in der Umformtechnik berichtet [22 bis 24]. Angaben über die Verwendung keramischer Werkzeugwerkstoffe für Fließpreß-matrizen konnten nicht gefunden werden.

Bekannte Anwendungsgebiete für keramische Werkzeugwerkstoffe sind das Strangpressen, das Drahtziehen, die Rohrherstellung, das Abstreckgleit-ziehen und das Tiefziehen [25, 26].

Zirkonoxid eignet sich aufgrund seiner hohen Temperaturbeständigkeit zum Strangpressen hochschmelzender Metalle wie Molybdän und Wolfram sowie deren Legierungen [27 bis 29].
Bei der Hochgeschwindigkeitsumformung von Wolfram nach dem Dynapakver-fahren im Temperaturbereich von 1760°C bis 2200°C ergab sich mit ZrO_2 eine höhere Standzeit, eine größere Verschleißfestigkeit und eine höhere Oberflächengüte der gefertigten Teile als bei Verwendung von beschichteten Werkzeugstählen oder von Hartmetallen aus Wolframkarbid und Kobalt [30].

Strangpreßmatrizen aus ZrO_2 sind ebenfalls zur Umformung von Kupfer, Messing, Bronze, Kohlenstoff- und nichtrostenden Stählen geeignet [27,31]. Hinweise für das Einschrumpfen von Strangpreßmatrizen aus Keramik sind in [31, 32] enthalten.
In [32] wird über den erfolgreichen Einsatz von Matrizen aus ZrO_2 und Al_2O_3 zum Strangpressen von Neusilber-Legierungen berichtet. Die Matrizen aus ZrO_2 haben sich jedoch in der Praxis besser bewährt und höhere Stand-zeiten ergeben. In dieser Arbeit wird außerdem erwähnt, daß der im Ver-gleich zu Stahl deutlich geringere thermische Längenausdehnungskoeffizient von Al_2O_3 bei der Werkzeugkonstruktion bezüglich einer ausreichenden Vor-spannung erhebliche Schwierigkeiten bereitet.

Aluminiumoxid und Zirkonoxid werden wegen ihrer hohen Verschleißfestig-keit zur Herstellung von Drahtziehdüsen verwendet [22, 23, 33]. Die Standzeiten dieser Ziehdüsen hängen im wesentlichen vom Drahtdurchmesser ab und steigen mit abnehmendem Durchmesser an. Mit abnehmendem Durchmesser wird der Einfluß der statischen Beanspruchungen auf die Standzeiten geringer, wobei nun derjenige der Verschleißbeanspruchung überwiegt. Die Grenze der wirtschaftlichen Anwendbarkeit von Al_2O_3 wird bei einem Drahteinlaufdurchmesser von 2 mm erreicht. Im Feinzugbereich (Drahtdurchmesser < 0,5 mm) können die Standzeiten mehrere Jahre betragen [23]. Ziehdüsen aus Zirkonoxid haben sich bei der Herstellung von Drähten aus Kupfer, hochlegiertem Stahl, Nickel und Nickellegierungen sowie Edelmetall bewährt [33]. Diese Ziehdüsen besitzen eine sehr glatte Oberfläche, die bei der Beanspruchung durch den Draht erhalten bleibt und eine hohe Oberflächengüte des gezogenen Drahtes ergibt.

In [34] wird über den erfolgreichen Einsatz von Ziehdornen aus ZrO_2 zur Herstellung von Zylinderrohren mit einem Innendurchmesser zwischen 20 und 40 mm und einer Wanddicke von 1 bis 2 mm aus den Stahlqualitäten St 34 bis St 52 berichtet. Weitere genannte Einsatzgebiete beziehen sich auf Aufweitdorne, Kugeldorne zum Rohrbiegen, Rohrführungselemente und Ziehringe zum Ziehen von Präzisionsstahlrohren.
Ziehdorne aus heißgepreßtem Siliziumnitrid bewähren sich seit mehr als zehn Jahren bei der Herstellung geschweißter und nahtloser Rohre aus Kohlenstoff-, niedrig legierten und rostfreien Stählen [35].

Oberländer [36] zeigte, daß keramische Werkzeugwerkstoffe die hohen Belastungen beim Abstreckgleitziehen aufnehmen können. Zwischen austenitischen Edelstählen und keramischen Werkzeugwerkstoffen traten auch bei hohen Belastungen in der Umformzone keine Kaltverschweißungen auf. Am Institut für Umformtechnik der Universität Stuttgart wurden beim Abstreckgleitziehen von Hülsen aus dem nichtrostenden Stahl 1.4301 mit Abstreckringen aus heißgepreßtem Siliziumnitrid bei der Fertigung von 10.000 Stück keinerlei Maßabweichungen und auch keinerlei Aufschweißungen festgestellt. Die Teile wurden unter Produktionsbedingungen mit etwa 20 Hüben pro Minute gefertigt.

Zu den Keramikwerkstoffen gehören alle Werkstoffe, die anorganisch, nicht-
metallisch und hochschmelzend sind [37 bis 39]. Für Umformwerkzeuge werden vorwiegend oxidkeramische Werkstoffe auf der Basis von Aluminium- oder
Zirkonoxid und der nichtoxidische Werkstoff Siliziumnitrid verwendet
[1, 35, 40].

In Tabelle 1 sind die Eigenschaften der hier betrachteten keramischen
Werkzeugwerkstoffe denen von Hartmetall (G55) und Schnellarbeitsstahl
(S 6-5-2) gegenübergestellt.

Die Vorteile der keramischen Werkzeugwerkstoffe sind: hohe Druckfestigkeit,
hohe Härte, hohe Verschleißfestigkeit, hohe Temperaturbeständigkeit, große
chemische Beständigkeit und geringe Dichte.
Ihre Nachteile sind ihre Empfindlichkeit gegenüber Zugbeanspruchungen, die
z.B. auch durch Thermoschock entstehen können, sowie ihre Sprödigkeit
[43, 44].

Die Sprödigkeit keramischer Werkzeugwerkstoffe rührt daher, daß sie ein
kompliziert aufgebautes Kristallgitter mit hohen Bindungskräften besitzen
[45]. Sie verfügen, im Gegensatz zu Metallen, über nur wenige Gleitsyste-
me. Diese sind zumindest bei Raumtemperatur blockiert und schließen daher
nahezu jede Versetzungsbewegung aus. Spannungsspitzen können somit nicht
durch eine Gleitbewegung abgebaut werden. Sobald die Festigkeitsgrenzen
überschritten sind, kommt es durch eine Trennung der Gitterebenen zu einem
Sprödbruch. Solche Spannungsspitzen können an Poren oder an Mikrorissen
auftreten, die in keramischen Werkzeugwerkstoffen - durch das Sintern bedingt - immer vorhanden sind [1]. Die statistische Verteilung der Poren
und Mikrorisse führt zu einer im Vergleich zu Metallen i. allg. größeren
Streuung der mechanischen Eigenschaften und zu einer steigenden Bruchan-
fälligkeit bei zunehmendem Bauteilvolumen [2].

Im Gegensatz zu Hartmetallen besitzen die keramischen Werkzeugwerkstoffe
keine weiche metallische Phase, sondern nur glasartige spröde Zusatzstoffe.
Diese metallische Phase verleiht Hartmetall eine gewisse Duktilität.

Tabelle 1: Werkstoffeigenschaften bei Raumtemperatur (20°C) [38, 41, 42]

	ZrO_2 97 %	Al_2O_3 99,7 %	Si_3N_4	G 55	S 6-5-2
Dichte ρ in g/cm³	$\geq 5,73$	$\geq 3,93$	$\geq 2,4$	12,9	8,2
Porosität in %	$\leq 1,5$	$\leq 1,5$	≤ 25		
mittlere Korngröße in µm	60	15			
Elastizitätsmodul E in $10^5 \cdot$ N/mm²	2	3,8	1,6	4,7	2,1
Poissonzahl ν	0,27	0,23	0,25	0,25	0,3
Druckfestigkeit σ_{dB} in N/mm²	2100	4000	1100	3100	
Biegefestigkeit σ_{bB} in N/mm²	500	350	200	2600	
Härte	$1,2 \cdot 10^4$HV2	$2,2 \cdot 10^4$HV2	$8 \cdot 10^3$HV2	850HV30	64 HRC
Bruchzähigkeit (K_{Ic}-Wert) in N/mm$^{(3/2)}$	340	185	70		
therm. Längenausdehn.koeff. α_1 in $10^{-6} \cdot$ K^{-1}	9,8	8	3	7	11
Wärmeleitfähigkeit λ in W/(mK)	2,5	29	16	50	20
spezifische Wärmekapazität c in kJ/(kgK)	0,4	0,9	0,7	0,25	0,46
Temperaturleitfähigkeit a in $10^{-6} \cdot$ m²/s	1,09	8,2	9,5	15,5	5,3

Die keramischen Werkzeugwerkstoffe haben aufgrund fehlender metallischer Bestandteile und hoher Temperaturbeständigkeit eine sehr geringe Neigung zum Verschweißen mit Metallen.

Das Härten keramischer Werkzeugwerkstoffe durch eine Wärmebehandlung ist nicht möglich und auch nicht notwendig. Diese Werkstoffe sind naturhart und behalten ihre Festigkeit bis zu höheren Temperaturen bei. Die Druckfestigkeit von Al_2O_3 beträgt bei 1100 °C immer noch 1500 N/mm² und die Biegefestigkeit bleibt bis nahezu 1000 °C konstant. Bei ZrO_2 tritt erst oberhalb 800 °C ein merklicher Festigkeitsabfall auf [1].

Zirkonoxid besitzt gegenüber Aluminiumoxid den Vorteil eines niedrigen Elastizitätsmoduls, der dem von Stahl gleichkommt. Wegen dieser Übereinstimmung haben sich Preßverbindungen zwischen ZrO_2 und Stahl besonders gut bewährt. Außerdem führt der niedrige Elastizitätsmodul zu einer höheren Schlagfestigkeit und trägt trotz der geringen Wärmeleitfähigkeit zu einer im Vergleich zu Al_2O_3 günstigeren Temperaturwechselbeständigkeit bei. Eine gute Temperaturwechselbeständigkeit besitzt Si_3N_4 aufgrund seines sehr niedrigen thermischen Längenausdehnungskoeffizienten.

Zur Beurteilung der Temperaturwechselbeständigkeit, d.h. der Fähigkeit eines keramischen Werkstoffes, schroffen Temperaturwechseln und den dadurch entstehenden hohen Wärmespannungen ohne Bruch zu widerstehen, werden in der Literatur die Wärmespannungsparameter R und R' verwendet [46 bis 48]. Der erste Wärmespannungsparameter R gibt die Temperaturdifferenz ΔT_{max} an, die ein Körper beim Abschrecken gerade noch ohne Bruch verträgt:

$$\Delta T_{max} = \frac{R_m(1-v)}{\alpha_l \cdot E} \equiv R \ . \qquad (1)$$

Diese Gleichung ist nur gültig für einen extrem hohen Wärmeübergangskoeffizienten ($\alpha \to \infty$) und einen zweiachsigen Spannungszustand in einfachen Körpern (Platte, Zylinder und Kugel).

Für einen niedrigen Wärmeübergangskoeffizienten ($\alpha \ll \infty$) gilt:

$$\Delta T_{max} = \frac{R_m(1-v)}{\alpha_l \cdot E} \cdot \lambda \cdot \frac{C}{\alpha} \equiv R' \cdot \frac{C}{\alpha} \ . \qquad (2)$$

Hier ist R' der zweite Wärmespannungsparameter, und C ein geometrischer Formfaktor.

Diese Gleichungen zeigen deutlich den Einfluß der Werkstoffkennwerte auf die Temperaturwechselbeständigkeit. Sie wird durch hohe Zugfestigkeit und große Wärmeleitfähigkeit erhöht, durch hohen thermischen Längenausdehnungskoeffizienten und hohen Elastizitätsmodul dagegen erniedrigt [49].

Die Herstellung von Werkzeugen aus Keramik erfolgt nach pulvermetallurgischen Verfahren. Im Fall der oxidkeramischen Werkzeugwerkstoffe werden extrem feinkörnige Ausgangspulver vorverdichtet und anschließend gesintert. Die Ausgangsmineralien sind Bauxit für Al_2O_3 und Zirkon für ZrO_2. Durch Zusatz anderer Metalloxide zu Al_2O_3 wird ein diskontinuierliches Kornwachstum unter Bildung von sehr großen Kristallen, die zur Festigkeitsverminderung führen, vermieden. Besonderheiten bei der Herstellung keramischer Werkzeugwerkstoffe aus ZrO_2 sind die hohen Sintertemperaturen aufgrund des hohen Schmelzpunktes von ZrO_2 von etwa 2700 °C und die langen Haltezeiten, die zur Folge haben, daß eine mittlere Korngröße von etwa 60 µm vorliegt. Außerdem enthalten die Rohstoffe glasartige Zusätze zur Unterdrückung der polymorphen Umwandlung von ZrO_2, die mit einer erheblichen Volumenerweiterung verbunden ist. Zirkonoxid wandelt im festen Zustand zweimal seine Struktur, bei 2350 °C von einer kubischen in eine tetragonale und dann bei 1150 °C martensitisch in eine monokline Struktur. Die Umwandlung vom tetragonalen in das monokline Gitter ist mit einer Volumenausdehnung um ungefähr 9% verbunden. Das Sintern kompakter Teile aus reinem ZrO_2 ist deshalb nicht möglich, sie würden durch die bei der Umwandlung auftretenden Spannungen zerstört werden. Dieser Untersuchung liegt ein teilstabilisierter Zirkonoxidwerkstoff zugrunde, der 97% reines ZrO_2 sowie glasartige Zusatzstoffe enthält. Diese Zusatzstoffe führen bei Abkühlung auf Raumtemperatur zu einem metastabilen Gefüge mit kubischer Grundstruktur und eingelagerten tetragonalen Ausscheidungen. Die von der kubischen Grundstruktur auf die tetragonalen Ausscheidungen wirkenden Druckspannungen hindern diese daran, unter Volumenausdehnung in die stabile monokline Phase umzuklappen. Im Gegensatz zu einem stabilisierten Gefüge mit einheitlicher kubischer Struktur wird dieses Gefüge als teilstabilisiert bezeichnet, da es neben der kubischen Phase noch einen tetragonalen sowie einen geringen monoklinen Phasenanteil aufweist.

Werkzeuge aus Si_3N_4 werden unter anderem durch Heißpressen hergestellt. Hierbei werden Formgebung und Temperaturbehandlung in einem Arbeitsgang durchgeführt. Da sich durch Heißpressen nur einfache Körper herstellen lassen, müssen schwierig geformte Bauteile aus diesen durch aufwendige mechanische Nachbearbeitung mit Diamantwerkzeugen herausgearbeitet werden.

Bei der Konstruktion von Werkzeugen aus Keramik ist auf die Eigenschaften der keramischen Werkzeugwerkstoffe, besonders auf die Sprödigkeit und die begrenzte Zugfestigkeit, Rücksicht zu nehmen. Werkzeugteile aus Keramik müssen deshalb für einen Einsatz in der Umformtechnik durch eine Preß-verbindung eine genügend hohe Druckvorspannung erhalten, die es dem Bau-teil ermöglicht, die während der Betriebsbelastung auftretenden Zugspan-nungen ohne Beschädigung aufzunehmen. Starke Querschnittsänderungen und Kantenpressungen sind zu vermeiden [2]. Außerdem müssen die u. U. gerin-gen thermischen Längenausdehnungskoeffizienten beachtet werden.
Die Herstellungstoleranzen für fertig gesinterte Teile liegen vor allem wegen der Schwindung der Teile beim Sintern und wegen des dabei auftreten-den Brennverzuges bei ± 1,5% vom Absolutmaß; sie betragen mindestens je-doch ± 0,2 mm. Die Nachbearbeitung der Sinterteile ist nur mit Diamant-werkzeugen möglich [26]. Damit lassen sich die gleichen Toleranzen wie bei der Bearbeitung von Metallen erreichen.

4   Grundlagen für die Berechnungen

4.1   Ansätze für die Finite-Elemente-Rechnung

Die folgende Darstellung der Grundgleichungen für die in dieser Arbeit
durchgeführten FE-Rechnungen soll lediglich zum Verständnis der Vorgehens-
weise beitragen. Ausführliche Informationen über die Methode der finiten
Elemente sind dem Schrifttum [50 bis 52] zu entnehmen.

Für die Berechnung mit der FEM wird die Geometrie eines Bauteils durch
eine endliche Anzahl von Elementen angenähert. Diese Elemente sind von
einfacher Gestalt und werden an den Knotenpunkten, dies können die Eck-
oder Zwischenpunkte sein, miteinander verbunden. Durch einen einfachen Ansatz für die unbekannten Verschiebungen bzw. Temperaturen wird das Verhalten innerhalb jeden Elementes in Abhängigkeit von den Knotenpunktswerten
beschrieben. Die Verwendung eines geeigneten Rechenansatzes (für die Elastostatik das Prinzip der virtuellen Arbeit und für die Wärmeübertragung
die Methode des gewichteten Residuums) führt zu einem linearen Gleichungssystem für die unbekannten Knotenpunktswerte des einzelnen Elementes. Anschließend werden die einzelnen Elementbeiträge zusammengefaßt, und damit
die Gleichungen für die Gesamtstruktur erhalten.

4.1.1 Wärmeübertragung

Die Berechnung der unbekannten Temperaturen an den Knotenpunkten geht von
der Differentialgleichung der Wärmeleitung aus.

Grundlagen

Der grundlegende Ansatz von Biot und Fourier für die Wärmeleitung lautet
[53]:

$$q = -\lambda \, grad \, \vartheta.$$

(3)

Hierin ist q die Wärmestromdichte, d.h. die pro Zeiteinheit durch ein
Flächenelement hindurchgehende Wärmemenge, λ die Wärmeleitfähigkeit und
$grad \, \vartheta$ der Temperaturgradient.

Fourier-Gleichung

Für die folgende Ableitung der Fourier-Gleichung für die instationäre
Wärmeleitung wird ein Volumenelement dV betrachtet (Bild 2).

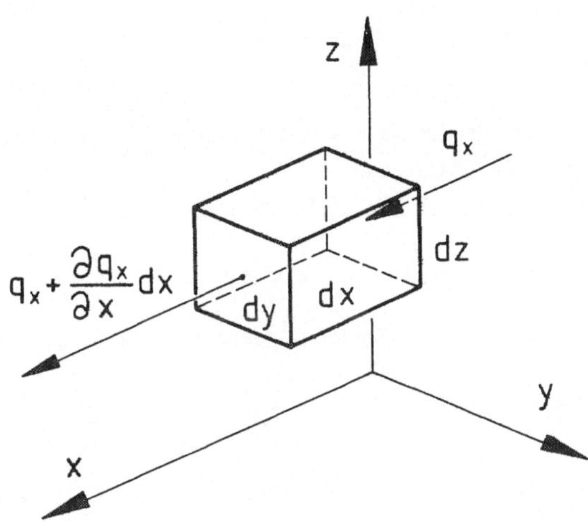

Bild 2: Betrachtetes Volumenelement zur Ableitung der Fourier-Gleichung.

Die Wärmemenge, die in das Volumenelement pro Zeiteinheit mehr hinein-
als herausströmt, wird gespeichert und führt zu einer Temperaturerhöhung.
Diese Wärmemenge beträgt in x-Richtung:

$$-\frac{\partial q_x}{\partial x}\, dx\, dy\, dz\, dt = -\frac{\partial q_x}{\partial x}\, dV dt\,. \tag{4}$$

Für die im Volumenelement gespeicherte Wärmemenge während derselben Zeiteinheit gilt:

$$dV \rho c \frac{\partial \vartheta}{\partial t}\, dt\,. \tag{5}$$

Unter Berücksichtigung aller drei Raumrichtungen ergibt sich für die
Wärmebilanz:

$$\left(\frac{\partial q_x}{\partial x} + \frac{\partial q_y}{\partial y} + \frac{\partial q_z}{\partial z}\right) dV dt + dV \rho c \frac{\partial \vartheta}{\partial t}\, dt = 0\,. \tag{6}$$

Mit Hilfe von Gl. (3) folgt für die Fourier-Gleichung:

$$-\frac{\partial}{\partial x}\left(\lambda\,\frac{\partial \vartheta}{\partial x}\right) - \frac{\partial}{\partial y}\left(\lambda\,\frac{\partial \vartheta}{\partial y}\right) - \frac{\partial}{\partial z}\left(\lambda\,\frac{\partial \vartheta}{\partial z}\right) + \varrho c\,\frac{\partial \vartheta}{\partial t} = 0 \qquad (7)$$

und in Matrizenschreibweise [54]:

$$-\underline{D}^T \underline{\underline{\lambda}}\,(\underline{D}T) + \varrho c\,\dot{T} = 0\,. \qquad (8)$$

Dabei ist $\underline{D}$ der Vektor der Differentialoperatoren, $\underline{\underline{\lambda}}$ die Matrix der Wärmeleitfähigkeit und T die Temperatur.

Die Anfangsbedingung zur Zeit $t = t_0$ lautet:

$$T\,(x,y,z,t_0) = T_0\,(x,y,z)\,, \qquad (9)$$

und an der Oberfläche wirken entweder vorgeschriebene Temperaturen $\bar{T}$:

$$T(x,y,z,t) = \bar{T}\,(x,y,z,t)\,, \qquad (10)$$

oder es findet ein Wärmeübergang an die Umgebung mit der Temperatur T_∞ statt:

$$-\underline{D}_n^T\,\underline{\underline{\lambda}}\,(\underline{D}T) = \alpha\,[\,T(x,y,z,t) - T_\infty\,(x,y,z,t)\,]\,. \qquad (11)$$

Der Vektor $\underline{D}_n$ enthält die Richtungskosinus der Normalen $\underline{n}$ an einem Punkt des Teils A_q der Oberfläche, an dem ein Wärmeübergang auftritt.

Diskretisierung mit finiten Elementen

Elementebene

Mit Hilfe der Methode des gewichteten Residuums wird ausgehend von der Fourier-Gleichung (8), die eine örtliche Aussage darstellt, eine Aussage für ein Einzelelement, d.h. für ein endliches Volumen, erhalten.
Diese Methode läßt sich wie folgt beschreiben:
Die unbekannten Temperaturen innerhalb des Elementes werden durch den Ansatz:

$$T\,(x,y,z,t) = \underline{\omega}^T(x,y,z)\,\underline{T}_e\,(t) \qquad (12)$$

angenähert. Darin bedeutet $\underline{\omega}$ der Vektor der Ansatzfunktionen und $\underline{T}_e$ der Vektor der unbekannten Elementknotentemperaturen. Da dieser Ansatz nicht gleichzeitig die Differentialgleichung und die Randbedingungen erfüllen kann, wird sich beim Einsetzen in diese jeweils ein Restglied, ein sogenanntes Residuum, ergeben. Es wird nun verlangt, daß die Integrale der Residuen, gewichtet mit Gewichtsfunktionen, über das Elementvolumen bzw. die Elementoberfläche verschwinden. Dies führt zu einem System von Differentialgleichungen zur Bestimmung der unbekannten Elementknotentemperaturen. Als Gewichtsfunktion wird hier ein virtuelles Temperaturfeld δT gewählt, das die Temperaturrandbedingungen auf dem Teil der Oberfläche mit vorgeschriebener Temperatur exakt erfüllt.

Die Wärmebilanz für ein Element ergibt mit der Fourier-Gleichung die Integralform:

$$\int_V \delta T \, [\varrho c \dot{T} - \underline{D}^T \underline{\underline{\lambda}} \, (\underline{D} T)] \, dV$$

$$+ \int_{A_q} \delta T \, [\underline{D}_n^T \underline{\underline{\lambda}} \, (\underline{D} T) + \alpha \, (T - T_\infty)] \, dA = 0 . \tag{13}$$

Das Einsetzen des Ansatzes (12) in die Gl. (13) liefert mit Hilfe des Gaußschen Integralsatzes die Beziehung:

$$\underbrace{\int_{V_e} \varrho c \, \underline{\omega} \, \underline{\omega}^T dV}_{\underline{\underline{C}}_e} \dot{\underline{T}}_e + \Big[\underbrace{\int_{V_e} (\underline{D} \, \underline{\omega}^T)^T \underline{\underline{\lambda}} \, (\underline{D} \, \underline{\omega}^T) \, dV + \int_{A_e} \alpha \, \underline{\omega} \, \underline{\omega}^T dA}_{\underline{\underline{\lambda}}_e}\Big] \underline{T}_e$$

$$= \underbrace{\int_{A_e} \underline{\omega} \, \alpha \, T_\infty \, dA}_{\underline{Q}_e} \tag{14}$$

oder kürzer geschrieben:

$$\underline{\underline{C}}_e \, \dot{\underline{T}}_e + \underline{\underline{\lambda}}_e \, \underline{T}_e = \underline{Q}_e \tag{15}$$

für die Bestimmung der unbekannten Elementknotentemperaturen. Dabei ist $\underline{\underline{C}}_e$ die Kapazitätsmatrix, $\underline{\underline{\lambda}}_e$ die Konduktivitätsmatrix und $\underline{Q}_e$ der Wärmelastvektor.

Gesamtstrukturebene

Der Zusammenbau der einzelnen Elemente zur Gesamtstruktur erfolgt durch Zuordnungsmatrizen $\underline{b}$, die nur die Elemente 1 oder 0 enthalten und als

Boolesche Matrizen bezeichnet werden. Es folgt

für die Temperaturen $\underline{T}$:

$$\underline{T}e = \underline{\underline{b}}\ \underline{T}$$

$$(16)$$

für den Wärmelastvektor $\underline{Q}$:

$$\underline{Q}_e = \underline{\underline{b}}\ \underline{Q} \tag{17}$$

und für die Wärmebilanz der Gesamtstruktur:

$$\underline{\underline{C}}\ \underline{\dot{T}} + \underline{\underline{\lambda}}\ \underline{T} = \underline{Q}\ . \tag{18}$$

Die Kapazitätsmatrix $\underline{\underline{C}}$, die Konduktivitätsmatrix $\underline{\underline{\lambda}}$ und der Wärmelastvektor $\underline{Q}$ setzen sich aus den einzelnen Elementbeiträgen zusammen wie folgt:

$$\underline{\underline{C}} = \sum_{e-1}^{m} \underline{\underline{b}}^{T} \underline{\underline{C}}_e\ \underline{\underline{b}}$$

$$\underline{\underline{\lambda}} = \sum_{e=1}^{m} \underline{\underline{b}}^{T}\ \underline{\underline{\lambda}}_e\ \underline{\underline{b}} \tag{19}$$

$$\underline{Q} = \sum_{e=1}^{m} \underline{\underline{b}}^{T} \underline{Q}_e$$

Dabei erstreckt sich die Summation über alle m Elemente.

Instationäre Lösung

Die Abhängigkeit der Temperatur von der Zeit wird im Zeitintervall:

$$\Delta t = t_{n+1} - t_n$$

durch den linearen Ansatz:

$$\underline{T}(t) = \frac{1}{2}(1 + \zeta)\underline{T}_{n+1} + \frac{1}{2}(1 - \zeta)\underline{T}_n \tag{20}$$

beschrieben, wobei ζ ($\zeta \in [-1, 1]$) den Zeitverlauf im Zeitschritt normalisiert und $\underline{T}_n$, $\underline{T}_{n+1}$ die Temperaturen am Anfang und Ende des Intervalls bezeichnen.

Die Ableitung der Ansatzfunktion liefert:

$$\dot{\underline{T}} = \frac{1}{\Delta t}\left(\underline{T}_{n+1} - \underline{T}_n\right) . \tag{21}$$

Für die numerische Integration wird hier das Rückwärtsdifferenzenverfahren angewendet, das die Wärmebilanz am Ende des Zeitschrittes betrachtet und für das $\zeta = 1$ ist.

Das Einsetzen der Gln. (20) und (21) in die Gl. (18) führt zu einem linearen Gleichungssystem für die unbekannten Knotentemperaturen $\underline{T}_{n+1}$:

$$\underbrace{\left[\frac{1}{\Delta t}\,\underline{\underline{C}} + \underline{\underline{\lambda}}\right]}_{\underline{\underline{C}}^*}\underline{T}_{n+1} = \underbrace{\underline{Q}_{n+1} + \frac{1}{\Delta t}\,\underline{\underline{C}}\,\underline{T}_n}_{\underline{Q}^*} \tag{22}$$

oder kürzer geschrieben:

$$\underline{\underline{C}}^*\underline{T}_{n+1} = \underline{Q}^* . \tag{23}$$

Dabei bedeutet $\underline{\underline{C}}^*$ die effektive Konduktivitätsmatrix und $\underline{Q}^*$ der effektive Wärmelastvektor.

Mit Hilfe des thermischen Längenausdehnungskoeffizienten α_l können anschließend die Anfangsdehnungen infolge Temperatureinwirkung berechnet werden.

4.1.2 Elastostatik

Die Grundgleichungen für FEM-Berechnungen in der Elastostatik beruhen im wesentlichen auf folgenden drei Voraussetzungen [55]:

1. Statische Verträglichkeit (Gleichgewicht)

Die äußeren und inneren Kräfte des Systems müssen miteinander im Gleichgewicht stehen. Unter Vernachlässigung von eingeprägten Volumenkräften lautet die mathematische Formulierung in Matrizenschreibweise:

$$\underline{\underline{D}}^T\underline{\sigma} = 0 . \tag{24}$$

Hier ist $\underline{\underline{D}}$ die Matrix der Differentialoperatoren, und $\underline{\sigma}$ ist der Vektor der Spannungen in jedem Punkt des Kontinuums. Dabei wird das Gleichgewicht an einem infinitesimal kleinen quaderförmigen Volumenelement betrachtet.

2. Kinematische Verträglichkeit

Benachbarte Bauteile dürfen sich nach der Deformation weder durchdringen noch auseinanderklaffen, und an kinematisch geführten Randpunkten müssen die Verschiebungen den Randbedingungen entsprechen. Dies erfordert stetige Verschiebungen und stückweise stetige erste Ableitungen der Verschiebungen. Für den Vektor der Dehnungen $\underline{\varepsilon}$ gilt somit:

$$\underline{\varepsilon} = \underline{\underline{D}}\,\underline{u} = \underline{\underline{D}}\,\underline{\underline{N}}\,\underline{a} \ . \tag{25}$$

Dabei bedeutet $\underline{u}$ der Vektor der Verschiebungen innerhalb des Elementes, $\underline{a}$ der Vektor der Knotenpunktsverschiebungen eines Elementes und $\underline{\underline{N}}$ die Matrix der Ansatzfunktionen.

3. Stoffgesetz

Der Zusammenhang zwischen den Spannungen und den Dehnungen wird für linear-elastisches Werkstoffverhalten durch das Hookesche Gesetz bestimmt. Es lautet in Matrizenschreibweise:

$$\underline{\sigma} = \underline{\underline{E}}\,\underline{\varepsilon} \ . \tag{26}$$

Darin ist $\underline{\underline{E}}$ die Elastizitätsmatrix, deren Elemente durch den Elastizitätsmodul E und die Poissonzahl ν bestimmt werden. Falls in einem Bauteil Anfangsdehnungen $\underline{\varepsilon}_0$ vorhanden sind, die durch eine Temperaturänderung mit verhinderter Wärmedehnung oder eine Werkzeugvorspannung verursacht werden, so ist für die Größe der Spannung die Differenz zwischen der im belasteten Zustand vorhandenen Dehnung und der Anfangsdehnung maßgebend. In diesem Fall hat das Stoffgesetz die Form:

$$\underline{\sigma} = \underline{\underline{E}}\,(\underline{\varepsilon} - \underline{\varepsilon}_0) \ . \tag{27}$$

Die direkte Integration der Differentialgleichungen (24) und (25) ist nur in sehr einfachen Fällen möglich. Mit dem Ziel einer numerischen Näherungslösung wird deshalb im Rahmen einer Variationsaufgabe das Prinzip der virtuellen Arbeit angewendet. Bei diesem Verfahren wird jedem Knoten eine willkürliche virtuelle Verschiebung erteilt, und die dabei durch die angreifenden Kräfte und Spannungen verrichtete äußere und innere Arbeit gleichgesetzt.

Elementebene

Eine solche virtuelle Verschiebung an den Knoten wird mit δa bezeichnet. Entsprechend der Gl. (25) lauten die Verschiebungen und Dehnungen innerhalb des Elementes [51]:

$$\delta \underline{u} = \underline{\underline{N}}\, \delta \underline{a} \quad und \quad \delta \underline{\varepsilon} = \underline{\underline{D}}\,\underline{\underline{N}}\, \delta \underline{a}\,. \tag{28}$$

Die von den äußeren Knotenpunktskräften $\underline{f}$ verrichtete Arbeit beträgt:

$$\delta \underline{a}^{T} \underline{f}\,. \tag{29}$$

Entsprechend ergibt sich die Arbeit der inneren Spannungen zu:

$$\delta \underline{\varepsilon}^{T} \underline{\sigma} = \delta \underline{a}^{T} (\underline{\underline{D}}\,\underline{\underline{N}})^{T} \underline{\sigma}\,. \tag{30}$$

Durch Gleichsetzen der äußeren mit der inneren Arbeit, die sich durch eine über das Volumen V_e des Elementes erstreckende Integration ergibt, entsteht:

$$\delta \underline{a}^{T} \underline{f} = \delta \underline{a}^{T} \int_{V_e} (\underline{\underline{D}}\,\underline{\underline{N}})^{T} \underline{\sigma}\, dV\,. \tag{31}$$

Da diese Beziehung für einen beliebigen Wert der virtuellen Verschiebung gültig ist, wird aus einem Koeffizientenvergleich erhalten:

$$\underline{f} = \int_{V_e} (\underline{\underline{D}}\,\underline{\underline{N}})^{T} \underline{\sigma}\, dV\,. \tag{32}$$

Gl. (32) kann unter Berücksichtigung von Gl. (27) auch in der Form:

$$\underline{f} = \underline{\underline{k}}\,\underline{a} + \underline{q}_{\varepsilon_0} \tag{33}$$

ausgedrückt werden, wobei

$$\underline{\underline{k}} = \int_{V_e} (\underline{\underline{D}}\,\underline{\underline{N}})^T \underline{\underline{E}} \, (\underline{\underline{D}}\,\underline{\underline{N}}) \, dV \qquad \text{die Elementsteifigkeitsmatrix}$$

und

$$\underline{q}_{\varepsilon_0} = -\int_{V_e} (\underline{\underline{D}}\,\underline{\underline{N}})^T \underline{\underline{E}} \, \underline{\varepsilon}_0 \, dV \qquad \text{die durch die Anfangsdehnungen}$$

hervorgerufenen Knotenpunktskräfte bedeuten.

Falls an der Oberfläche eines Bauteils eine Oberflächenlast $\underline{p}$ wirkt, so tritt an den Knoten der betreffenden Elemente mit den Oberflächen A ein weiteres Belastungsglied auf. Dieses Belastungsglied:

$$\underline{q}_p = -\int_A \underline{\underline{N}}^T \underline{p} \, dA \tag{34}$$

muß in Gl. (33) auf der rechten Seite addiert werden.

Gesamtstrukturebene

Der Zusammenbau der einzelnen Elemente zur Gesamtstruktur erfolgt wie im Fall der Wärmeübertragung mit Hilfe von Zuordnungsmatrizen $\underline{\underline{b}}$, die den Zusammenhang zwischen den Freiheitsgraden auf Element- und Gesamtstruktur- ebene definieren. Im einzelnen folgt

für die Knotenpunktsverschiebungen $\underline{r}$:

$$\underline{a} = \underline{\underline{b}} \, \underline{r} \tag{35}$$

für die äußeren Knotenpunktskräfte $\underline{F}$:

$$\underline{F} = \sum_{e=1}^{m} \underline{\underline{b}}^T \underline{f} \quad , \tag{36}$$

wobei sich die Summation über alle m Elemente erstreckt;

für die Gleichgewichtsbeziehung unter Berücksichtigung von Anfangsdehnun- gen und Oberflächenlasten mit Hilfe von Gl. (34):

$$\underline{F} = \sum_{e=1}^{m} \underline{\underline{b}}^T \underline{\underline{k}} \, \underline{\underline{b}} \, \underline{r} + \sum_{e=1}^{m} \underline{\underline{b}}^T \underline{q}_{\varepsilon_0} + \sum_{e=1}^{m} \underline{\underline{b}}^T \underline{q}_p \tag{37}$$

bzw.

$$\underline{\mathcal{F}} = \underline{\underline{K}}\,\underline{r} + \sum_{e=1}^{m} \underline{\underline{b}}^{T} \underline{q}_{\varepsilon_0} + \sum_{e=1}^{m} \underline{\underline{b}}^{T} \underline{q}_{p} \tag{38}$$

und somit für die Gesamtsteifigkeitsmatrix:

$$\underline{\underline{K}} = \sum_{e=1}^{m} \underline{\underline{b}}^{T} \underline{\underline{k}}\,\underline{\underline{b}} \; . \tag{39}$$

Die unbekannten Knotenpunktverschiebungen der Gesamtstruktur lassen sich
also für vorgegebene Belastungen und Randbedingungen mit Hilfe von Gl.(38)
angeben. Zur Berechnung von Spannungen sind die Gln.(35), (27) und (25)
heranzuziehen.

4.2   Finite-Elemente-Programmsystem SMART

Die Berechnungen der Temperatur- und Spannungsverteilungen in den vorgespannten Keramikmatrizen wurden mit dem Programmsystem SMART (Struktur-
mechanische Analyse in der Reaktortechnologie) durchgeführt. Die Programmteile SMART II [56] bzw. SMART II,2 [57] wurden für die Berechnung von
stationären bzw. instationären Temperaturfeldern und SMART I [58] für elastostatische Berechnungen verwendet. Alle Programmteile sind voll verträg-
lich, d.h. zur Berechnung von Temperaturfeldern sowie von Spannungen und
Verschiebungen wird dieselbe Elementaufteilung verwendet. SMART I, II und
II,2 haben dieselbe Art des Programm- und Datenaufbaus.

Dieses Programmsystem berechnet die Wärmespannungen in zwei Hauptrechen-
gängen. Im ersten Hauptrechengang (SMART II oder II,2) erfolgt die Berechnung der Temperaturen. Im Fall einer instationären Temperaturbelastung
wird die Dauer in einzelne Zeitschritte unterteilt. Als Ergebnis des ersten Hauptrechengangs werden die Temperaturverteilungen und die sich daraus ergebenden Wärmedehnungen am Ende jedes Zeitschrittes erhalten.

Die für einen betimmten Zeitpunkt berechneten Wärmedehnungen dienen in
Form von Anfangsdehnungen als Eingabe für die Berechnung der Wärmespannungen im zweiten Hauptrechengang (SMART I). Diesen Wärmespannungen können
die mechanischen Spannungen infolge Vorspannung und Innendruck überlagert

werden. Als Ergebnis werden also die Spannungen aufgrund thermischer und
mechanischer Belastung erhalten. Die zeitabhängigen Randbedingungen, wie
hier die Temperatur im Druckraum, müssen für jeden Zeitschritt bereitge-
stellt werden.

Der gesamte Rechengang wird in einzelne Schritte, z.B. in die Berechnung
der Elementsteifigkeitsmatrizen, unterteilt. Zur Durchführung dieser
Schritte stehen Unterprogramme, sogenannte Prozessoren, zur Verfügung.
Diese sind vom Anwender in einem Hauptprogramm in sinnvoller Reihenfolge
aufzurufen. Im Anhang wird das verwendete Hauptprogramm für eine Belastung
durch Vorspannung, Innendruck, stationäre und überlagerte instationäre
Temperaturverteilung beschrieben.

Die Eingabedaten für jeden Hauptrechengang beginnen mit der koordinaten-
unabhängigen Topologie, in der Anzahl und Typ der verwendeten Elemente,
die Knotenpunktsnumerierung, die Elementverknüpfungen sowie bei der elastostatischen Berechnung die Randbedingungen, z.B. die kinematisch unterdrück-
ten Freiheitsgrade an den Lagerstellen, beschrieben werden. Es folgen die
Knotenpunktskoordinaten und die Werkstoffdaten.

Die Werkstoffdaten sind für die Temperaturberechnung: die Wärmeleitfähigkeit, die spezifische Wärmekapazität, die Dichte und der thermische Längenausdehnungskoeffizient, und für die elastostatische Berechnung: der
Elastizitätsmodul und die Poissonzahl.

Ferner müssen die Belastungsdaten eingegeben werden. Das Rechenmodell
wird bei der Temperaturberechnung durch den Wärmeaustausch mit der Umgebung belastet, der durch den Wärmeübergangskoeffizienten und die Umgebungstemperatur vorgegeben wird, und bei der elastostatischen Berechnung durch
Einzel- oder Flächenlasten, die programmintern in äquivalente Knotenpunktskräfte umgerechnet werden, sowie durch Anfangsdehnungen.

Sämtliche Eingabedaten werden programmintern auf Fehler überprüft. Während
des gesamten Rechenlaufs können vom Benutzer ausführliche Fehlermeldungen
sowie Informationen zur Dateneingabe und zum Verlauf der Berechnung ange-
fordert werden. Die Überprüfung des Steuerprogramms auf Syntax- und logi-
sche Prinzipfehler erfolgt durch den verwendeten Compiler.

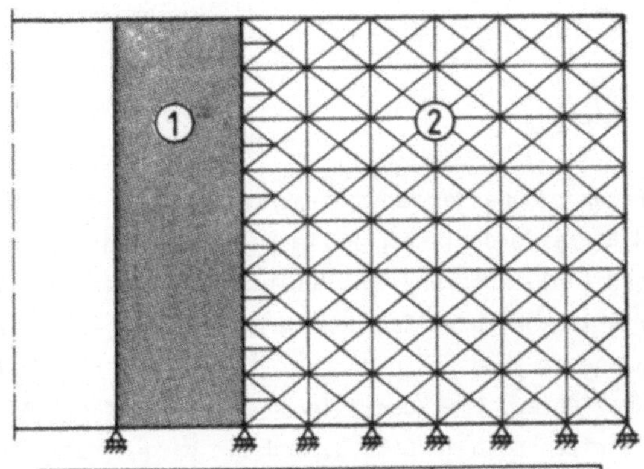

	① Matrize	② Arm.ring
Elemente	944	200
Knotenpunkte	2049	429
Freiheitsgrade therm.	2049	429
Freiheitsgrade stat.	4081	845

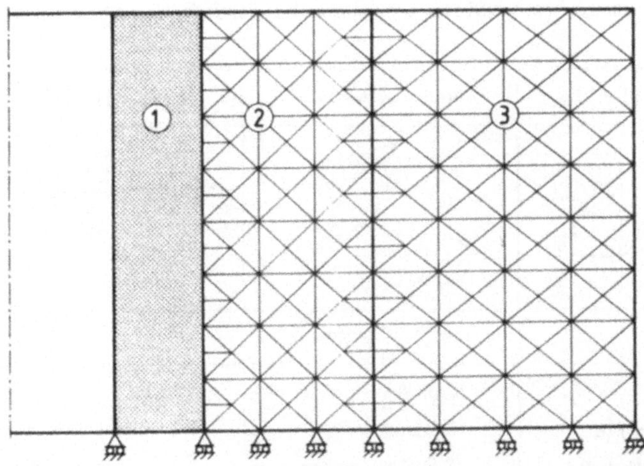

	① Matrize	② 1.Arm.ring	③ 2.Arm.ring
Elemente	912	112	136
Knotenpunkte	1983	263	305
Freiheitsgrade therm.	1983	263	305
Freiheitsgrade stat.	3951	519	601

Bild 3: FE-Rechenmodelle für Napf-Rückwarts-Fließpreßmatrizen.

4.3   Rechenmodell

4.3.1 Strukturidealisierung

Die Festlegung der Fugendurchmesser der betrachteten zwei- und dreiteiligen Preßverbände und der erforderlichen Haftmaße erfolgte nach den her-
kömmlichen Beziehungen [15]. Aufgrund der Rotationssymmetrie der Fließpreßmatrizen und der Belastung bzw. Randbedingungen lassen sich die FE-
Berechnungen auf ein ebenes Problem in der r-z-Ebene eines r-z-ϑ-Zylinder-
koordinatensystems überführen. Die Idealisierungen der einfach und doppelt
armierten Fließpreßmatrizen sind in Bild 3, und die dazu verwendeten Elementtypen in Bild 4 dargestellt. Die rotationssymmetrischen Dreiecksele-
mente TRIAXC6D (D = Diffusion) werden für die Temperaturberechnung und
TRIAXC6 für die elastostatische Berechnung benutzt. Diese Elemente besitzen einen quadratischen Ansatz für die unbekannten Temperaturen bzw. Verschiebungen, der eine lineare Temperatur- bzw. Spannungsverteilung und
nicht nur eine konstante im Element ergibt. Die Verwendung von Dreiecks-

Vollkörperelemente	Membranelemente	Verbundelemente
Temperaturberechnung		
TRIAXC6D	FLAXC3D	LINKXD
6 Knotenpunkte	3 Knotenpunkte	2 Knotenpunkte
6 Freiheitsgrade	3 Freiheitsgrade	2 Freiheitsgrade
Spannungsberechnung		
TRIAXC6	FLAXC3	LINKX
6 Knotenpunkte	3 Knotenpunkte	2 Knotenpunkte
12 Freiheitsgrade	6 Freiheitsgrade	4 Freiheitsgrade

Bild 4: Verwendete Elementtypen des Programmsystems SMART.

elementen bietet den Vorteil, daß mit ihnen eine Verfeinerung der Elementaufteilung in Bereichen erwarteter hoher Temperatur- bzw. Spannungsgradienten (d.h. entlang der Innenkontur und an den Fugen zwischen den Bauteilen) möglich ist.

Zur Simulation des Wärmeaustausches mit der Umgebung bei der Temperaturberechnung wird die Struktur mit den Membranelementen FLAXC3D und zur Auf-
bringung des Innendrucks bei der elastostatischen Berechnung mit den Membranelementen FLAXC3 belegt. Die Matrize und die Armierungsringe stellen
in dem Rechenmodell entsprechend einem realen Preßverband einzelne Bauteile dar, die durch Verbundelemente miteinander verknüpft sind. Bei der
elastostatischen Berechnung bestehen die Verbundelemente LINKX aus Federn,
die eine radiale Kopplung und eine axiale Verschiebbarkeit der einzelnen
Bauteile gegeneinander gewährleisten. Mit den Verbundelementen LINKXD wird
bei der Temperaturberechnung zwischen den Bauteilen reine Wärmeleitung
vorgegeben, da der hohe Fugendruck in einem Preßverband in Verbindung mit
den geschliffenen Fügeflächen zu sehr hohen Wärmeübergangskoeffizienten
führt.

Um den Einfluß der Feinheit der Elementaufteilung auf das Rechenergebnis
zu überprüfen, wurden die rein mechanischen Spannungen in einer doppelt
armierten Matrize aus ZrO_2 für zwei verschiedene Elementaufteilungen berechnet. Der dreiteilige Preßverband bestand aus insgesamt 520 oder 1160
Elementen. Die Matrize wurde mit 272 oder 912 Elementen und die Armierung
in beiden Fällen mit 248 Elementen idealisiert. Bild 5 zeigt den Spannungsverlauf entlang der Innenkontur im Bereich der unteren Druckraumgrenze für beide Rechenmodelle bei Raumtemperatur (20°C).
Der Verlauf der Radialspannung entspricht abgesehen von der unmittelbaren
Umgebung der Druckraumgrenze den Randbedingungen. Die Radialspannung nimmt
innerhalb des Druckraums den Wert des Innendrucks an und verschwindet
außerhalb. In der Nachbarschaft des sprunghaften Lastanstiegs an der Druckraumgrenze tritt jedoch eine unnatürliche Spannungsumkehr auf. Die Ursache
hierfür ist, daß dem verwendeten Rechenprogramm die Verschiebungsmethode,
welche die kinematischen Randbedingungen exakt, die statischen dagegen
nur annähernd erfüllt, zugrunde liegt. Die Axialspannung wechselt an der
Druckraumgrenze sprunghaft von einer Zug- in eine etwa gleich große Druckspannung, welche von der Biegebeanspruchung infolge der begrenzten Druckraumhöhe herrührt. Auch die Tangential- und die Schubspannung weisen auf-

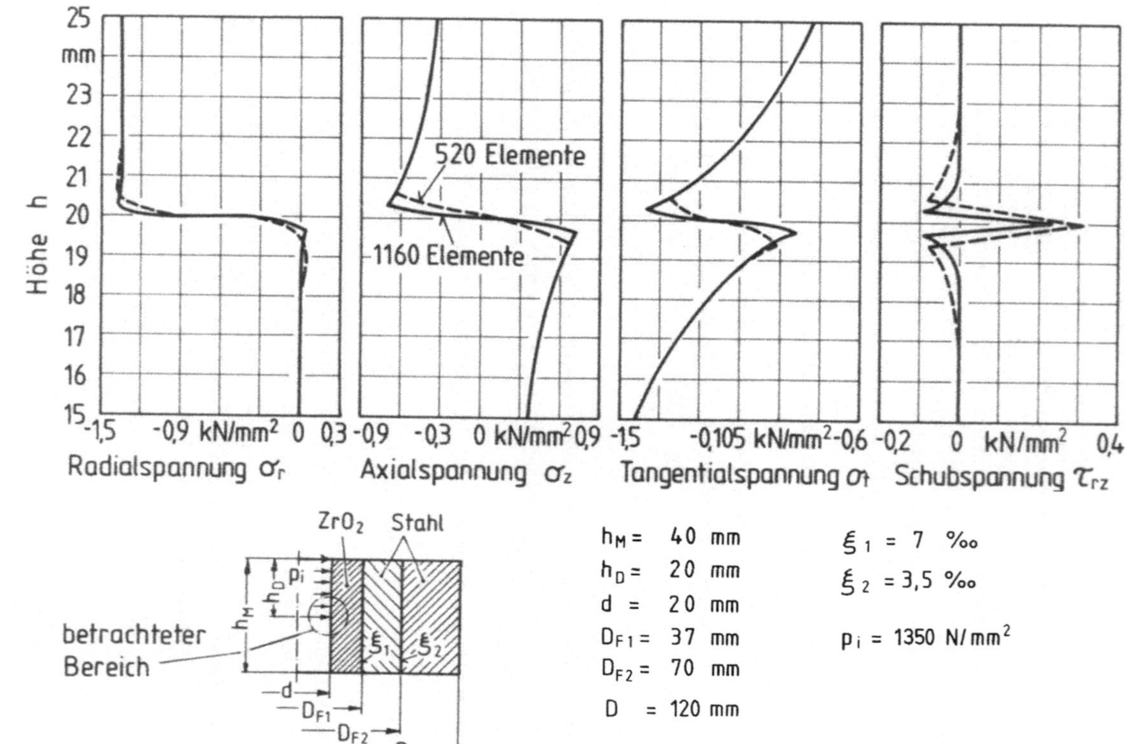

Bild 5: Einfluß der Feinheit der Elementaufteilung auf den mechanischen Spannungsverlauf entlang der Innenkontur einer doppelt armierten Matrize aus ZrO_2 im Bereich der unteren Druckraumgrenze bei Raumtemperatur (20°C).

grund des sprunghaften Lastanstiegs an der Druckraumgrenze Singularitäten
auf.

Beide Rechenmodelle ergeben bis auf den Bereich an der Druckraumgrenze den
gleichen Spannungsverlauf. Die feinere Idealisierung läßt jedoch den
Spannungsverlauf an der Druckraumgrenze noch deutlicher hervortreten. Da
für die vorliegende Untersuchung die genaue Kenntnis der auftretenden Tem-
peratur- und Spannungsgradienten bei instationärer Temperaturbelastung
von großer Bedeutung ist, wurde die feinere Idealisierung für die FE-Berechnungen gewählt.

4.3.2 Randbedingungen

4.3.2.1 Temperaturberechnung

Der Wärmeaustausch zwischen Werkzeug und Umgebung wurde durch die Umgebungstemperatur und den Wärmeübergangskoeffizienten vorgegeben (Bild 6).
Unter Umgebung wurden hierbei die Bereiche: Luftraum, Heizung, Maschinentisch, Auswerfer und Druckraum verstanden.

Der Wärmeübergangskoeffizient gegen den Luftraum wurde mit Hilfe der Ähn-
lichkeitskennzahlen von Grashof, Prandtl und Nußelt zu $\alpha = 8W/(m^2K)$ bestimmt [59]. Als Umgebungstemperatur im Bereich des Luftraums und des Ma-
schinentischs wurde 20°C gewählt. Zwischen Werkzeug und Maschinentisch
sowie zwischen den einzelnen Werkzeugteilen wurde reine Wärmeleitung angenommen. Im Fall einer Werkzeugvorwärmung wurde an der Werkzeugaußenwand
ebenfalls reine Wärmeleitung angenommen (die Berücksichtigung einer Werkzeugvorwärmung in der Berechnung wird weiter unten beschrieben). Wegen
der Rotationssymmetrie des Werkzeugs und der mittigen Lage der Wärme-
quelle - die Wärmezufuhr geht vom Druckraum aus - verlaufen die Isothermen
im Bereich des Auswerfers überwiegend senkrecht zur Werkzeugkontur. Dies
entspricht der Annahme einer Isolierung in diesem Bereich bei der Berechnung. Im Bereich des Druckraums wurde ebenfalls reine Wärmeleitung angenommen. Diese Schrankenabschätzung wurde gewählt, da sich die im Schrifttum angegebenen Wärmeübergangskoeffizienten um bis zu eine Größenordnung
unterscheiden [60, 61]. Als Umgebungstemperatur wurde entweder eine stationäre Matrizeninnenwandtemperatur oder eine zeitabhängige Kontakttemperatur $\vartheta_K(t)$ gewählt, die während der Druckberührzeit zwischen Werkstück
und Werkzeug auftritt.

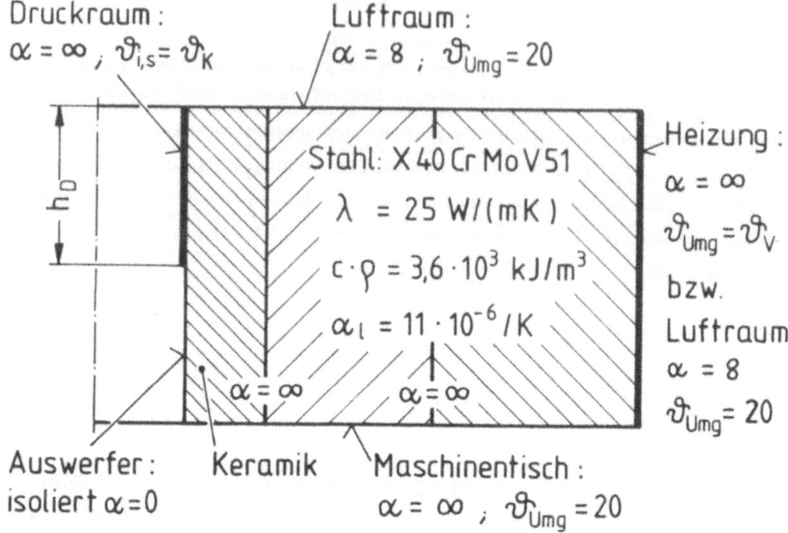

Bild 6: Randbedingungen für die Temperaturberechnung.

Die Kontakttemperatur setzt sich aus zwei Anteilen zusammen. Sie ist abhängig von dem Wärmeaustausch zwischen Werkstück und Werkzeug und von der Reibungswärme, die in der Wirkfuge zwischen Werkstück und Matrizeninnenwand erzeugt wird [62, 63]. Für diese beiden Anteile, die aufgrund des linearen Charakters der Differentialgleichung der Wärmeleitung überlagert werden können, gilt entsprechend Bild 7 [53] folgendes:

1. In der Kontaktfläche zwischen Werkstück und Werkzeug mit unterschiedlichen Temperaturen, z.B. wegen einer Werkzeugvorwärmung, stellt sich augenblicklich eine gemeinsame Kontakttemperatur ϑ_m ein. Die Annahme einer linearen Erhöhung der Werkstücktemperatur $\vartheta_{ws}(t)$ während der Druckberührzeit aufgrund der Umformwärme um $\Delta\vartheta_u$ führt zu einer zeit-

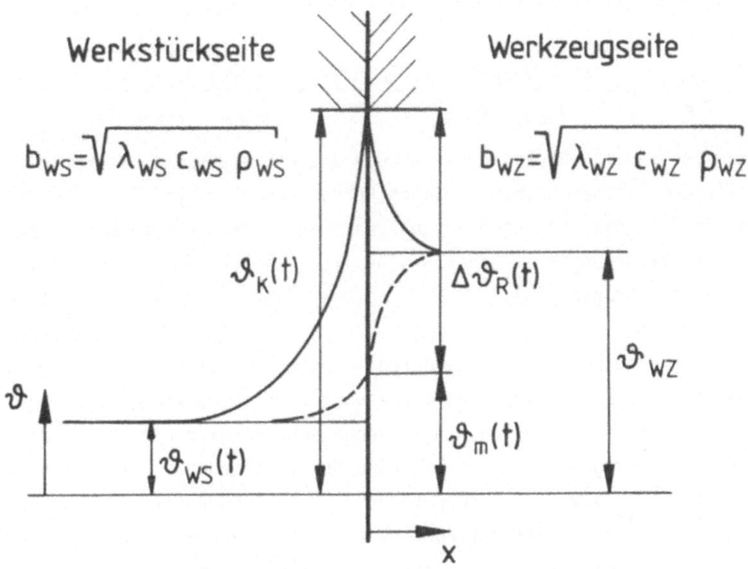

Bild 7: Rechenmodell zur Berechnung der Kontakttemperatur.

abhängigen Kontakttemperatur $\vartheta_m(t)$. Es gilt:

$$\vartheta_m(t) = \frac{b_{WZ}\,\vartheta_{WZ} + b_{WS}\,\vartheta_{WS}(t)}{b_{WZ} + b_{WS}} \quad . \tag{40}$$

Hierin sind b_{WZ} und b_{WS} die Wärmeeindringkoeffizienten für das Werkzeug und das Werkstück.

2. Die in der Wirkfuge zwischen Werkstück und Matrizeninnenwand erzeugte Reibungswärme verteilt sich auf das Werkzeug und das Werkstück im Verhältnis der Wärmeeindringkoeffizienten ihrer Werkstoffe. Die Kontakttemperatur erhöht sich um:

$$\Delta\vartheta_R(t) = \frac{2\,q_R\,\sqrt{t_B}\,/\,\sqrt{\pi}}{b_{WZ} + b_{WS}} \quad . \tag{41}$$

Dabei ist q_R die Wärmestromdichte, d.h. die auf die Kontaktfläche und Druckberührzeit t_B bezogene Reibungswärme.

Für die Kontakttemperatur ergibt sich also:

$$\vartheta_K(t) = \frac{b_{WZ}\,\vartheta_{WZ} + b_{WS}\,\vartheta_{WS}(t)}{b_{WZ} + b_{WS}} + \frac{2\,q_R\,\sqrt{t_B}/\sqrt{\pi}}{b_{WZ} + b_{WS}}\,. \tag{42}$$

In dem verwendeten Rechenmodell werden das Werkstück und das Werkzeug
jeweils durch einen halbunendlichen Körper ersetzt, was für kurze Zeiten
zulässig ist. Dies trifft hier zu, weil die Druckberührzeiten bei Kalt-
massivumformvorgängen zwischen Bruchteilen von Sekunden und maximal 1 bis
2 Sekunden betragen [16].

Für die Berechnung der instationären Temperaturverteilung in einem betriebswarmen bzw. in einem von außen vorgewärmten Werkzeug sind zwei
Rechenschritte erforderlich. Im 1. Rechenschritt wird die stationäre Temperaturverteilung im Werkzeug aufgrund der vorgegebenen Matrizeninnenwandtemperatur $\vartheta_{i,s}$ bzw. der Vorwärmtemperatur ϑ_v berechnet. Dabei wird, abgesehen von der Werkzeugstirnfläche, beim betriebswarmen Werkzeug am Außen-
rand und beim vorgewärmten Werkzeug am Innenrand konvektiver Wärmeübergang angenommen. Dieser stationären Temperaturverteilung wird im 2. Rechenschritt eine instationäre Temperaturverteilung, hervorgerufen durch den
einzelnen Fließpreßvorgang, unter Benutzung der Gl. (42) für die Kontakttemperatur überlagert. Dabei wird für die Werkzeugtemperatur in Gl. (42)
im 1. Fall die stationäre Matrizeninnenwandtemperatur und im 2. Fall die
Temperatur eingesetzt, die sich im 1. Schritt als durchschnittliche Temperatur an der Matrizeninnenwand im Bereich des Druckraums einstellt.

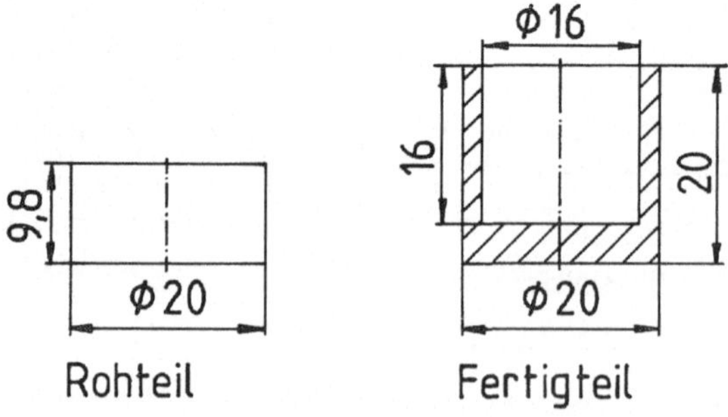

Bild 8: Betrachtetes Werkstück zur Abschätzung der Temperaturverhältnisse beim Napf-Rückwärts-Fließpressen.

Bild 8 zeigt ein Werkstück, das zur Abschätzung der auftretenden Temperaturen beim Napf-Rückwärts-Fließpressen dient. Nach dem Verfahren der oberen Schranke [64] berechnet sich der dafür notwendige Arbeitsbedarf wie folgt:

Gesamtarbeit $\qquad W_{ges} = 2510 \text{ Nm} \mathrel{\hat{=}} 100\ \%$

davon gesamte
Reibarbeit $\qquad W_R = 220 \text{ Nm} \mathrel{\hat{=}} 9\ \%$

Reibarbeit nur an der
Matrizeninnenwand $\qquad W_{RI} = 150 \text{ Nm} \mathrel{\hat{=}} 6\ \%$

In dieser Berechnung wurde als Werkstückwerkstoff C 15 und die Reibzahl zu $\mu = 0{,}1$ angenommen. Die verwendeten Werkstoffkennwerte für C 15 sind [65]:

Dichte $\qquad \varrho = 7{,}85 \text{ g/cm}^3$
spezifische Wärmekapazität $\quad c = 460 \text{ J/(kgK)}$
Wärmeleitfähigkeit $\qquad \lambda = 52{,}3 \text{ W/(mK)}.$

Bei Stahlwerkstoffen sind nach der Umformung ungefähr 85 % der aufgewandten Arbeit im Werkstück als Wärme enthalten [3]. Für das Beispiel ergibt sich daraus eine Temperaturerhöhung von 190 K im Werkstück. Unter Zugrundelegung einer Kurbelpresse (Nutzwinkel $\alpha_N = 45°$, Hubzahl $n = 50 \text{ min}^{-1}$) folgt für die Druckberührzeit $t_B = 0{,}06$ s. Die Wärmestromdichte aufgrund der Reibung an der Matrizeninnenwand beträgt 3,4 W/mm².

Die Werkstoffkennwerte der keramischen Werkzeugwerkstoffe lagen nur für Raumtemperatur vor. Die Kennwerte der Werkzeugstähle für die Armierung, in der viel niedrigere Temperaturen auftreten als in der Keramikmatrize, ändern sich im betrachteten Temperaturbereich um maximal 10 % [66 bis 69]. Da sich die Angaben verschiedener Stahlhersteller außerdem teilweise sehr stark unterscheiden, wurden in der Berechnung alle Werkstoffkennwerte als temperaturunabhängig angenommen.

4.3.2.2 Elastostatische Berechnung

Für die Spannungsberechnung in Preßverbänden ist es wichtig, die Vorspannung
der Matrize in geeigneter Weise zu berücksichtigen. Dies erfolgt bei einer
einfach armierten Matrize, indem der Armierungsring an allen Knotenpunkten
mit negativen Anfangsdehnungen in der Größe des relativen Haftmaßes
$\xi = \Delta D/D_F$ beaufschlagt wird. Für den Fall einer doppelten Armierung ent-
spricht der Betrag der Anfangsdehnungen $|\varepsilon_{01}|$ für den ersten Armierungs-
ring dem relativen Haftmaß $\xi_1 = \Delta D/D_{F1}$ in der inneren Fuge und für den
zweiten Armierungsring der Summe der relativen Haftmaße $(|\varepsilon_{02}| = \xi_1 + \xi_2)$
in beiden Fugen.
Nach [13] wird die Verträglichkeitsbedingung vorausgesetzt:

$$d\varepsilon_t = (\varepsilon_r - \varepsilon_t)\frac{dr}{r} \ . \tag{43}$$

Hierin sind ε_t und ε_r die Dehnungen in tangentialer und radialer Richtung.
Dann gilt für kleine Dehnungen:

$$\varepsilon_t \approx \varepsilon_r \ . \tag{44}$$

Bei einer doppelten Armierung sind also die Anfangsdehnungen $\varepsilon_{o1} = \varepsilon_{ot1} = \varepsilon_{or1} = -\xi_1$ für den ersten Armierungsring und $\varepsilon_{o2} = \varepsilon_{ot2} = \varepsilon_{or2} = -(\xi_1 + \xi_2)$
für den zweiten Armierungsring aufzubringen, während $\varepsilon_z = \varepsilon_{oz} = 0$ bleibt.

An den Kontaktflächen zwischen den Werkzeugteilen wurde Reibungsfreiheit
angenommen. Von Krämer [13] wurde gezeigt, daß als Maximalwert der Reibzahl höchstens $\mu = 0{,}16$ sinnvoll ist, bei dem ein Einfluß auf die Normal-
und Vergleichsspannungen von maximal $\pm$ 4% gegenüber dem reibungsfreien Zustand festgestellt wurde. Bei größeren Reibzahlen wird der Matrizeneinsatz
im Betriebszustand in axialer Richtung verkürzt, was nicht mit der Realität übereinstimmt.

Die Rechenmodelle sind, wie in Bild 3 gezeigt, am unteren Rand $(z = o)$
in z-Richtung gelagert, was der Aufnahme in einer Preßmaschine entspricht.
Aufgrund der Rotationssymmetrie der Rechenmodelle sind die radiale und
tangentiale Bestimmtheit gewährleistet.

Entsprechend früheren systematischen FEM-Untersuchungen an Fließpreßmatrizen [13] wurde als Belastung ein konstanter Innendruck p_i über eine
begrenzte Druckraumhöhe angenommen. Diese vereinfachende Annahme, die zu
einer sehr sicheren Auslegung der Werkzeuge führt, wurde zweckmäßigerweise
gewählt, da über die tatsächlichen äußeren Belastungen der Werkzeuge beim
Napf-Rückwärts-Fließpressen zur Zeit nur wenige Untersuchungsergebnisse
vorliegen [70, 71]. Für den Zusammenhang zwischen dem Innendruck p_i und
der bezogenen Stempelkraft $\bar{p}_{St}$, die nach Angaben in [72] berechnet werden
kann, gilt für das Napf-Rückwärts-Fließpressen [73]:

$$p_i = \bar{p}_{St} \cdot \varepsilon_A = \frac{F_u}{A_0} \quad . \tag{45}$$

Dabei bedeutet ε_A die auf die Ausgangsfläche bezogene Querschnittsänderung,
F_u die Umformkraft und A_0 die Ausgangsfläche der Rohteile.

Die Werkstoffkennwerte für die keramischen Werkzeugwerkstoffe sind in
Tabelle 1 enthalten. Für die Stahlarmierung wurde der Elastizitätsmodul
E = 210 000 N/mm² und die Poissonzahl ν = 0,3 verwendet.

5   <u>Ermittlung der Beanspruchung von armierten Napf-Rückwärts-</u>
        <u>Fließpreßmatrizen aus Keramik durch Parametervariation</u>

Im folgenden wird der Einfluß verschiedener Belastungsarten und Randbedingungen auf die Beanspruchung von armierten Napf-Rückwärts-Fließpreß-
matrizen aus Keramik untersucht (Bild 9).

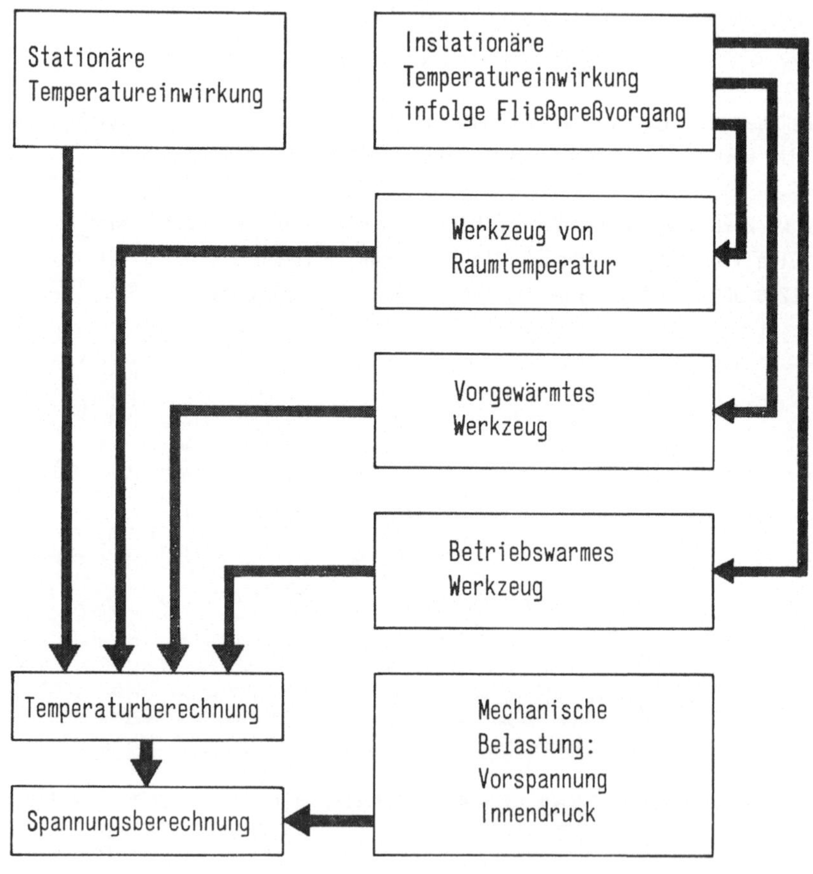

Bild 9: Belastungsarten und Randbedingungen für die FE-Berechnungen.

Nach der Diskussion der berechneten Temperaturverteilung im Werkzeug wird auf die Werkzeugbeanspruchung infolge mechanischer Belastung und Temperatureinwirkung eingegangen. Beanspruchungskriterien sind die Temperatur- und Spannungsgradienten, die Normalspannungen und die Vergleichsspannung. Für die keramischen Werkzeugwerkstoffe ist die größte Hauptzugspannung als Vergleichsspannung definiert. Da bei der exakten Lösung entlang der Matrizeninnenkontur (höchstbeanspruchte Stelle im Werkzeug) keine Schubspannungen auftreten, stellt die Axialspannung die größte Hauptzugspannung dar. Für die Stahlarmierung wird die nach der Gestaltänderungsenergiehypothese berechnete Vergleichsspannung zugrunde gelegt.

5.1 Temperaturverteilung

Der Fließpreßvorgang bewirkt eine Temperaturerhöhung im Werkstück und in der Matrize. Während der Umformung eines einzelnen Werkstücks, d.h. während der Druckberührzeit, tritt in den Oberflächen von Werkstück und Werkzeug kurzzeitig eine hohe Kontakttemperatur auf. Ein Teil der Umformwärme wird ins Werkzeuginnere transportiert und führt zur Bildung eines instationären Temperaturfelds. Die Kenntnis dieser instationären Temperaturbelastung ist für keramische Werkzeugwerkstoffe von großer Bedeutung, da diese Werkstoffe sehr temperaturempfindlich sind. Bei der Herstellung einer Vielzahl von Werkstücken (300 bis 500 Teile) stellt sich im Werkzeug dagegen ein stationäres Temperaturfeld mit überlagerten instationären Schwankungen ein [16].

5.1.1 Instationäre Temperaturverteilung

Die instationäre Temperaturverteilung im Werkzeug hängt sehr stark von der Druckberührzeit und den Wärmeeindringkoeffizienten von Werkstück und Werkzeug ab. Der Wärmeeindringkoeffizient ist ein Maß für die in das Werkzeug abfließende Wärmemenge bei plötzlicher Erhöhung der Kontakttemperatur.

Die Bilder 10 und 11 zeigen die Änderung des Temperaturprofils während der Druckberührzeit in einem Radialschnitt durch die Druckraummitte für die Matrizenwerkstoffe ZrO_2 und Al_2O_3. Die instationäre Temperaturbelastung wird durch die Vorgabe einer zeitabhängigen Kontakttemperatur $\vartheta_k(t)$

aufgebracht, s. Abschnitt 4.3.2.1.

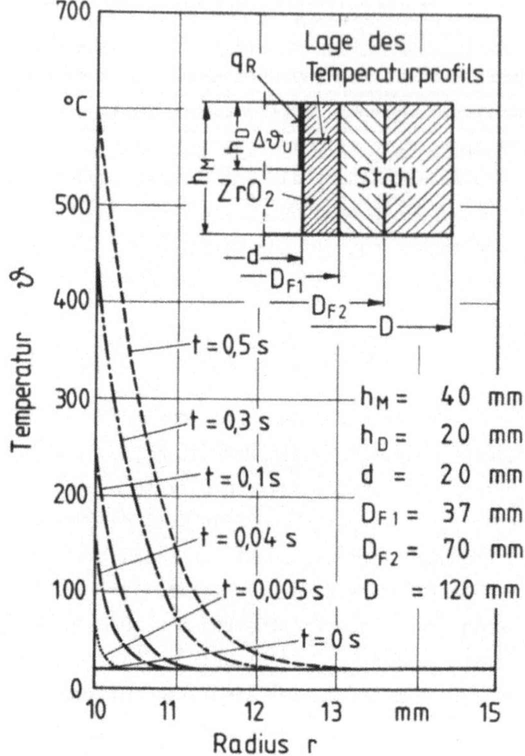

Bild 10: Instationäre Temperatureinwirkung.

Tabelle 2 enthält die Wärmeeindringkoeffizienten der verwendeten Werkstoffe.

Tabelle 2: Wärmeeindringkoeffizienten.

Werkstückwerkstoff C 15 : 13 743 $Ws^{1/2}/(m^2 K)$

Matrizenwerkstoffe ZrO_2 :   2 394 $Ws^{1/2}/(m^2 K)$

Al_2O_3: 10 128 $Ws^{1/2}/(m^2 K)$

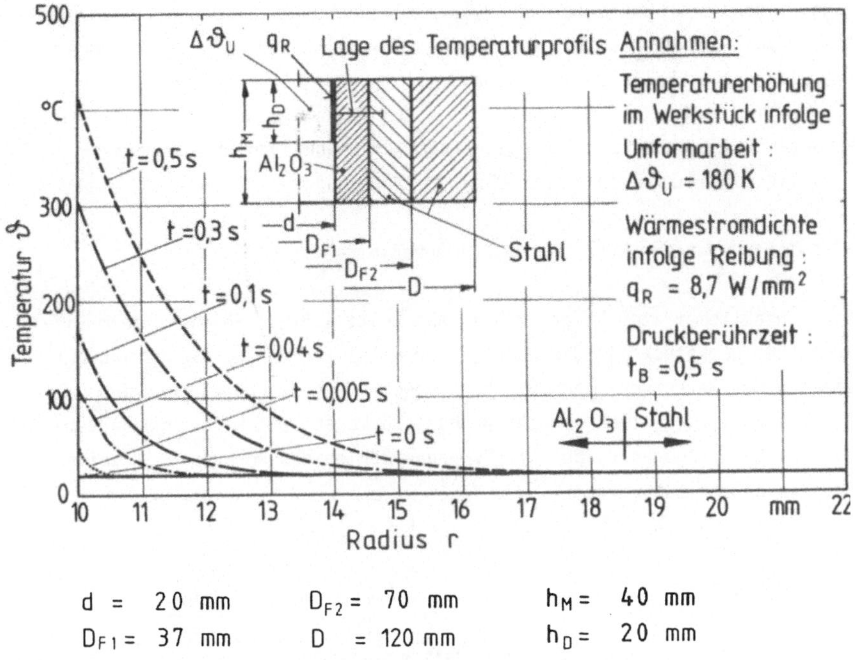

d = 20 mm		D_{F2} = 70 mm		h_M = 40 mm	
D_{F1} = 37 mm		D = 120 mm		h_D = 20 mm	

Bild 11: Instationäre Temperatureinwirkung.

Für ZrO_2 tritt wegen seines niedrigen Wärmeeindringkoeffizienten eine hohe Kontakttemperatur zwischen Werkstück und Werkzeug und eine geringe Wärmeeindringtiefe auf. Wesentlich günstiger hinsichtlich der Temperaturbeanspruchung sind die entsprechenden Werte für Al_2O_3, dessen Wärmeeindringkoeffizient ungefähr 4-fach so groß ist wie derjenige von ZrO_2.

5.1.1.1 Einfluß einer Werkzeugvorwärmung

Die folgende Darstellung gilt unabhängig davon, ob das Werkzeug von außen durch eine Heizung oder von innen durch die Umformwärme erwärmt wird.

Die Temperaturbeanspruchung eines Werkzeugs ist stark abhängig von der Differenz zwischen der zeitabhängigen Kontakttemperatur: Werkstück/Werkzeug und der Werkzeuggrundtemperatur. Die Grundtemperatur des Werkzeugs ist dabei die zeitunabhängige Temperatur, die sich bei der Serienferti-

gung zwischen der Entnahme des umgeformten Werkstücks und dem Einlegen
des Rohteils in der Werkzeugoberfläche einstellt. Für die Kontakttemperatur sind zwei Fälle zu unterscheiden:

- Kontakttemperatur beim Einlegen eines Werkstücks von Raumtemperatur
  in das vorgewärmte oder betriebswarme Werkzeug;

- Kontakttemperatur während des Fließpreßvorgangs.

Die Kontakttemperatur hängt, wie in Abschnitt 4.3.2.1 gezeigt, beim Einlegen des Werkstücks in die Matrize vor allem von den Wärmeeindringkoeffizienten des Werkstück- und des Werkzeugwerkstoffes, und während des Um-
formens noch zusätzlich von der Reibungswärme ab. Die Werkzeuggrundtemperatur kann dagegen durch Vorheizen und Kühlen des Werkzeugs in weiten
Grenzen beeinflußt werden.

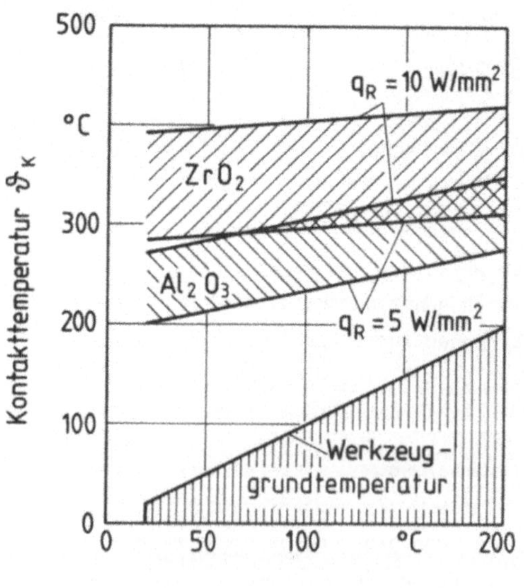

Bild 12: Kontakttemperatur zwischen Werkstück und Werkzeug am Ende der
Druckberührzeit in Abhängigkeit von der Werkzeuggrundtemperatur.

Wie Bild 12 zeigt, nimmt die am Ende der Druckberührzeit auftretende Differenz zwischen der Kontakttemperatur und der Werkzeuggrundtemperatur besonders bei ZrO_2 mit zunehmender Werkzeuggrundtemperatur deutlich ab und führt somit zu geringeren Temperaturgradienten in der Werkzeugoberfläche. Da ein Temperaturgradient im Zusammenhang mit einer Behinderung der Volumenausdehnung im Werkstoffverbund zu Druckspannungen im Bereich höherer Temperatur und zu Zugspannungen im Bereich niedrigerer Temperatur führt, tritt also mit zunehmender Werkzeuggrundtemperatur eine geringere Temperaturbeanspruchung auf.

Um die Nützlichkeit einer Werkzeugvorwärmung beurteilen zu können, ist es außerdem notwendig, die Spannungen im Werkzeug aufgrund der mechanischen Belastung und der Temperatureinwirkung zu kennen.

Bild 12 zeigt deutlich, daß die Kontakttemperatur bei Al_2O_3 viel stärker von der Werkzeuggrundtemperatur abhängt als bei ZrO_2. Der Grund hierfür liegt darin, daß der Einfluß der jeweiligen Temperatur zweier Körper auf die gemeinsame Kontakttemperatur von den Wärmeeindringkoeffizienten abhängig ist, s. Gl.(40). Der Körper mit dem geringeren Wärmeeindringkoeffizienten besitzt den kleineren Einfluß. Der Wärmeeindringkoeffizient von ZrO_2 ist im Vergleich zu demjenigen von C 15 sehr klein; dagegen sind die Wärmeeindringkoeffizienten von Al_2O_3 und C 15 in der gleichen Größenordnung (Tabelle 2). Daher ist die Kontakttemperatur bei ZrO_2 im Gegensatz zu Al_2O_3 nur schwach von der Werkzeuggrundtemperatur abhängig.

5.1.1.2 Betriebswarmer Zustand des Werkzeugs

Im folgenden wird der Einfluß eines betriebswarmen Zustands des Werkzeugs auf das instationäre Temperaturfeld im Bereich der Werkzeugoberfläche untersucht.

Der betriebswarme Zustand des Werkzeugs wurde entsprechend Abschnitt 4.3.2.1 bei der Berechnung dadurch berücksichtigt, daß die instationäre Temperaturverteilung im Werkzeug aufgrund des Fließpreßvorgangs einer stationären Temperaturverteilung überlagert wurde.

In den Bildern 13 und 14 sind die aufgrund einer stationären Temperatureinwirkung, einer instationären Temperatureinwirkung auf ein Werkzeug von Raumtemperatur und einer instationären Temperatureinwirkung auf ein betriebswarmes Werkzeug berechneten Temperaturprofile dargestellt. Der verwendete Matrizenwerkstoff ist ZrO_2 in Bild 13, und Al_2O_3 in Bild 14.

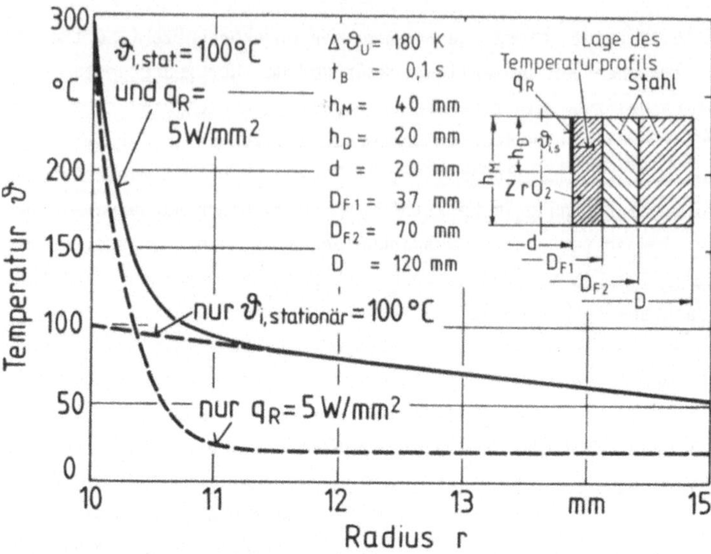

Bild 13: Einfluß des betriebswarmen Zustands des Werkzeugs auf das Temperaturprofil in einer doppelt armierten Matrize aus ZrO_2 bei instationärer Temperatureinwirkung am Ende der Druckberührzeit.

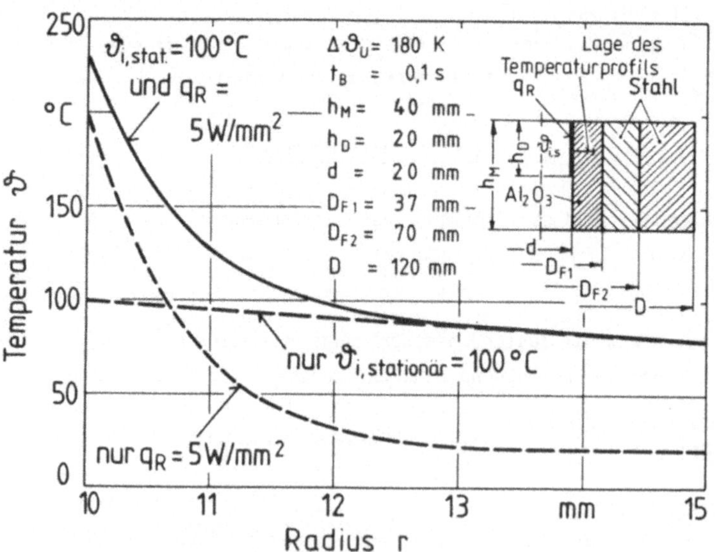

Bild 14: Einfluß des betriebswarmen Zustands des Werkzeugs auf das Temperaturprofil in einer doppelt armierten Matrize aus Al_2O_3 bei instationärer Temperatureinwirkung am Ende der Druckberührzeit.

Obwohl im betriebswarmen Werkzeug höhere Kontakttemperaturen auftreten, ergeben sich entsprechend den Überlegungen im vorigen Abschnitt für beide Matrizenwerkstoffe unter sonst gleichen Bedingungen geringere Temperaturgradienten in der Werkzeugoberfläche. Bild 15 stellt diese Temperaturgradienten für verschiedene Matrizeninnenwandtemperaturen dar. Die Bilder 16 und 17 zeigen das im betriebswarmen Werkzeug am Ende der Druckberührzeit vorhandene Temperaturprofil in Abhängigkeit von der stationären Matrizeninnenwandtemperatur.

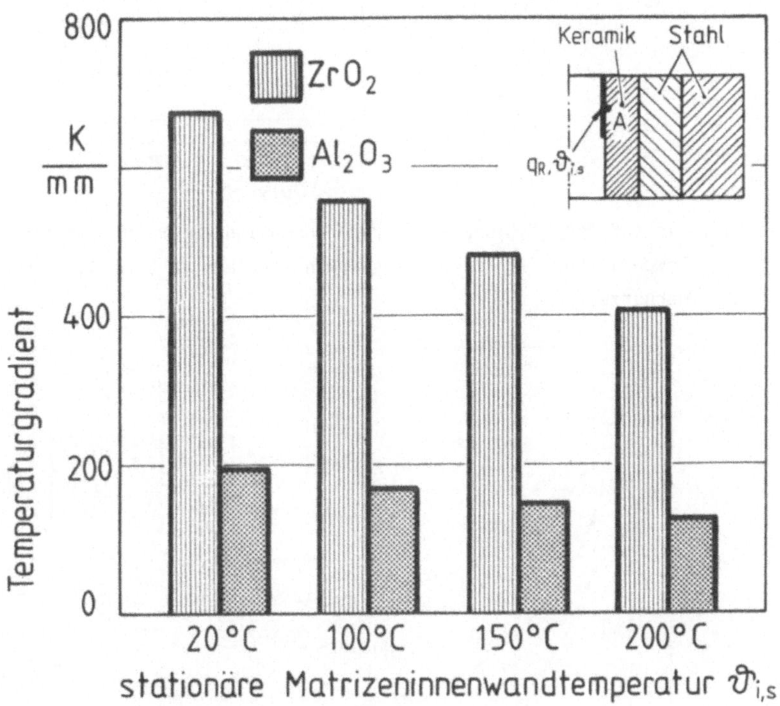

Druckberührzeit: $t_B = 0{,}1\ s$
Temperaturerhöhung im Werkstück aus C 15 infolge Umformarbeit: $\Delta\vartheta_U = 180\ K$
Wärmestromdichte infolge Reibarbeit: $q_R = 5\ W/mm^2$

Bild 15: Temperaturgradient in Punkt A am Ende der Druckberührzeit.

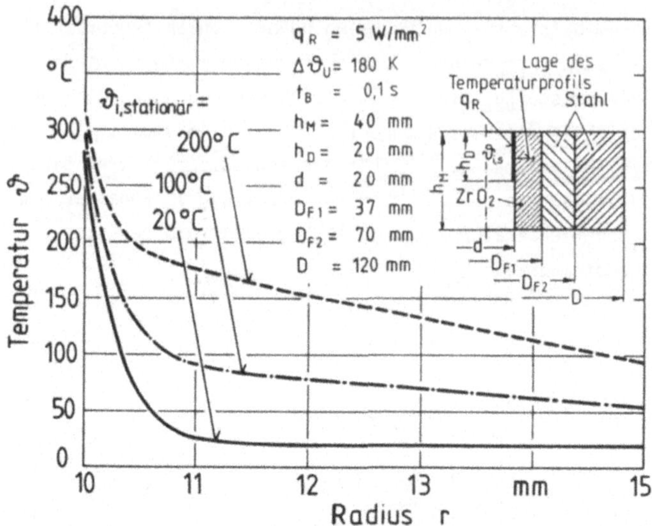

Bild 16: Einfluß der stationären Matrizeninnenwandtemperatur auf das
Temperaturprofil im betriebswarmen Werkzeug am Ende der Druckberührzeit.

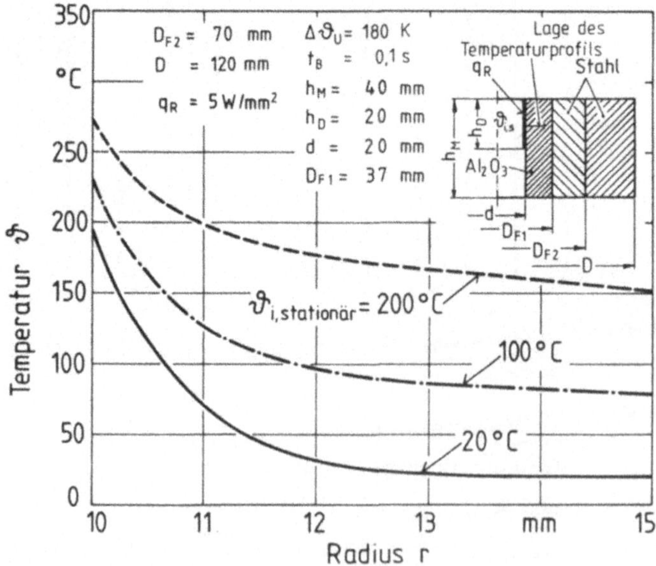

Bild 17: Einfluß der stationären Matrizeninnenwandtemperatur auf das
Temperaturprofil im betriebswarmen Werkzeug am Ende der Druckberührzeit.

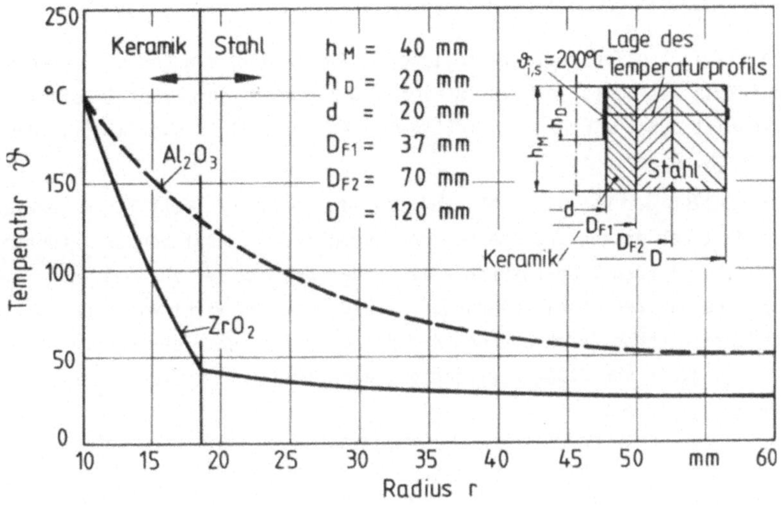

a) Preßverband mit einer Matrize aus ZrO_2 bzw. Al_2O_3.

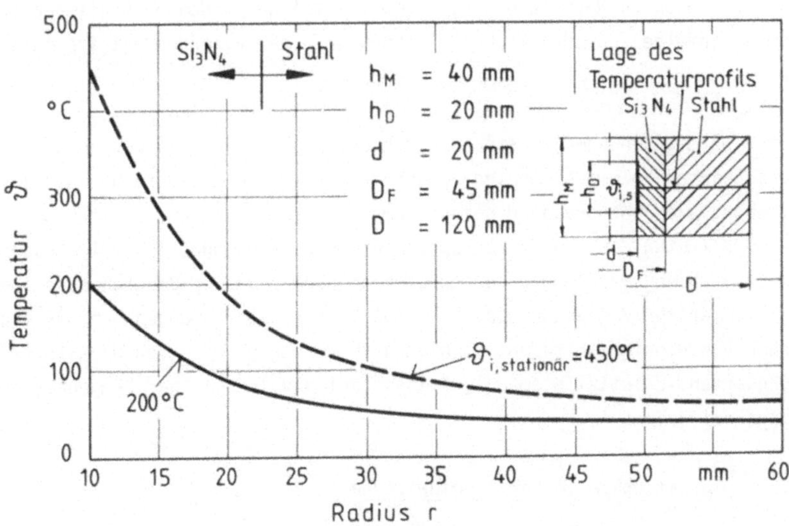

b) Preßverband mit einer Matrize aus Si_3N_4.

Bild 18: Temperaturprofile bei stationärer Temperatureinwirkung.

5.1.2 Stationäre Temperaturverteilung

Die stationäre Temperaturverteilung im Werkzeug wird durch die Wärmeleitfähigkeit bestimmt. In Bild 18 a) ist der Temperaturverlauf in einem Radialschnitt durch die Druckraummitte für ZrO_2 und Al_2O_3 und in Bild 18 b)
für Si_3N_4 dargestellt.

Der Einfluß der Wärmeleitfähigkeit auf das Temperaturgefälle im Werkzeug
ist deutlich erkennbar. Die geringe Wärmeleitfähigkeit von ZrO_2 führt
zu einem starken Temperaturgefälle in der Matrize und zu niedrigen Temperaturen in der Stahlarmierung. Die ZrO_2-Matrize wirkt wie eine Isolier-
schicht zwischen Druckraum und Armierung. Die wesentlich größere Wärmeleitfähigkeit von Al_2O_3 ruft dagegen eine stärkere Erwärmung der Stahlarmierung hervor.

5.2 Beanspruchung durch mechanische Belastung und Temperatureinwirkung

Die betrachteten stationären und überlagerten instationären Temperaturfelder führen zu Wärmespannungen, die zusätzlich zu den mechanischen Spannungen infolge Innendruck und Vorspannung in der Fließpreßmatrize auftreten.

Diese Wärmespannungen entstehen durch unterschiedliche Temperaturen in
benachbarten Volumenelementen. Jedes dieser Volumenelemente hat das Bestreben, sich entsprechend seiner Temperatur auszudehnen. Im Werkstoffverbund treten deshalb Verzerrungen auf, die Spannungen zur Folge haben.
Im Bereich höherer Temperatur entstehen Druck-, und im Bereich niedrigerer Temperatur Zugspannungen. Die Größe der Wärmespannungen hängt - abgesehen von den Temperaturunterschieden im Werkzeug - von den Werkstoffkennwerten: Elastizitätsmodul, Poissonzahl und thermischer Längenausdehnungskoeffizient ab.

5.2.1 Instationäre Temperatureinwirkung

In den Bildern 19 und 20 sind die resultierenden Spannungen infolge mechanischer Belastung und instationärer Temperatureinwirkung am Ende der
Druckberührzeit den rein mechanischen Spannungen entlang der Matrizeninnenkontur gegenübergestellt. Die instationäre Temperaturbelastung wird

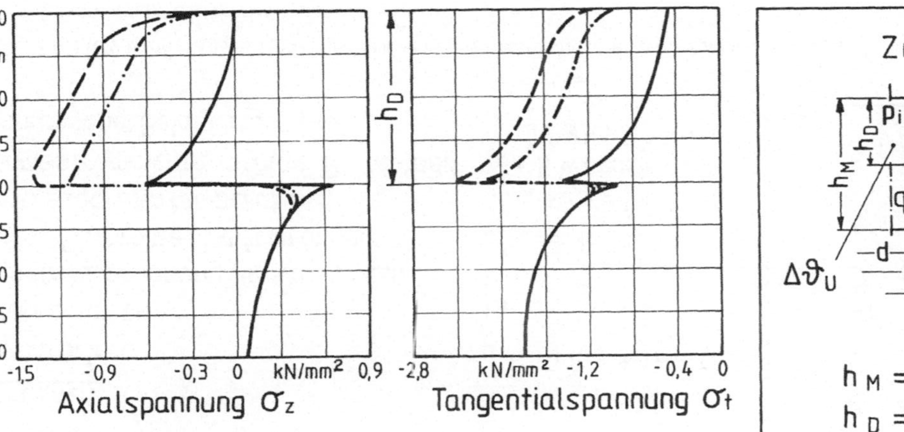
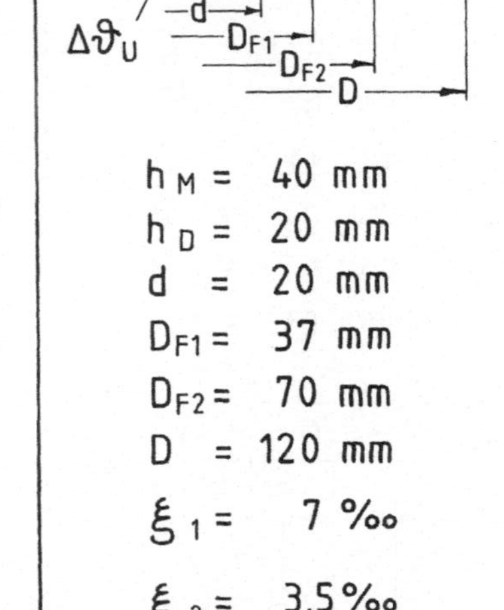

<u>Annahmen</u>:

Innendruck: $p_i = 1200 \ N/mm^2$

Druckberührzeit: $t_B = 0,1 \ s$

Temperaturerhöhung im Werkstück aus C 15 infolge Umformarbeit: $\Delta\vartheta_U = 180 \ K$

Werkzeuggrundtemperatur: $\vartheta_{WZ} = 20 \ °C$

Wärmestromdichte infolge Reibarbeit: $q_R = 5 \ W/mm^2$ —·—
$10 \ W/mm^2$ — — —

mechanische Belastung: ———

Bild 19: Einfluß einer instationären Temperatureinwirkung auf den Spannungsverlauf entlang der Innenkontur einer Matrize aus ZrO_2.

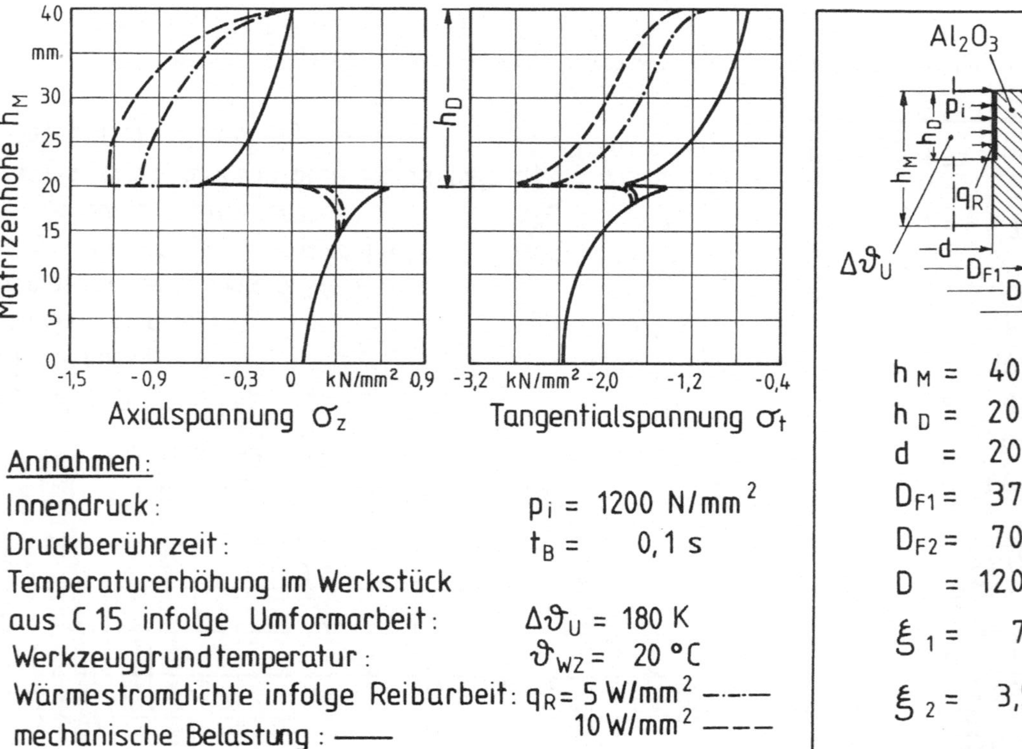

Annahmen:

Innendruck:	p_i = 1200 N/mm²	h_M = 40 mm
Druckberührzeit:	t_B = 0,1 s	h_D = 20 mm
Temperaturerhöhung im Werkstück		d = 20 mm
aus C 15 infolge Umformarbeit:	$\Delta\vartheta_U$ = 180 K	D_{F1} = 37 mm
Werkzeuggrundtemperatur:	ϑ_{WZ} = 20 °C	D_{F2} = 70 mm
Wärmestromdichte infolge Reibarbeit:	q_R = 5 W/mm² —·— 10 W/mm² ———	D = 120 mm
mechanische Belastung : ——		ξ_1 = 7 ‰
		ξ_2 = 3,5 ‰

Bild 20: Einfluß einer instationären Temperatureinwirkung auf den Spannungsverlauf entlang der Innenkontur einer Matrize aus Al_2O_3.

durch die Vorgabe einer zeitabhängigen Kontakttemperatur $\vartheta_K(t)$ im Bereich des Druckraums aufgebracht, s. Abschnitt 4.3.2.1. Die mechanischen Spannungen werden durch den Innendruck p_i = 1200 N/mm² und die Werkzeugvorspannung mit den relativen Haftmaßen: ξ_1 = 7 °/$_{\circ\circ}$ in der inneren und ξ_2 = 3,5 °/$_{\circ\circ}$ in der äußeren Fuge verursacht. Der Matrizenwerkstoff ist ZrO_2 in Bild 19 und Al_2O_3 in Bild 20.

Der Anteil der Wärmespannungen an den resultierenden Spannungen verschiebt diese in Richtung Druckgebiet. Die thermischen Druckspannungen werden durch die intensive Erwärmung der Oberflächenschichten beim Umformen hervorgerufen. Die Temperaturen der darunterliegenden Werkstoffschichten ändern sich dagegen nur wenig.

Bei rein mechanischer Belastung tritt an der Druckraumgrenze eine hohe axiale Zugspannungsspitze auf. Die Ausbildung dieser Spannungsspitze wird durch den in der Berechnung angenommenen sprunghaften Anstieg des Innendrucks an der Druckraumgrenze geprägt. Der stetige Anstieg des Innendrucks in der Realität führt ebenfalls zu einer Spannungsspitze, die aber einen kleineren Maximalwert besitzt [12]. Diese Zugbeanspruchung kann besonders bei den Keramikwerkstoffen zu Querrissen führen. Bei zusätzlicher Temperatureinwirkung vermindern die Wärmespannungen diese mechanische Zugspannungsspitze.

Die Bilder 21 und 22 zeigen für die betrachteten Bedingungen (hier nur: Wärmestromdichte infolge Reibarbeit q_R = 10 W/mm²) den Spannungsverlauf in einem Radialschnitt durch die Druckraummitte. Wegen der angenommenen Reibungsfreiheit in den Fugen sind die Beträge der mechanischen Axialspannungen in der Armierung sehr niedrig. Die thermischen Druckspannungen im Keramikeinsatz gehen bereits wenige Millimeter unterhalb der Werkzeugoberfläche in schwache Zugspannungen über. Der Grund hierfür liegt in der kurzen Druckberührzeit, während der sich die Wärme nur wenig ausbreiten kann. In der Armierung sind die Wärmespannungen so gering, daß die Spannungsverläufe mit und ohne Berücksichtigung der Temperatureinwirkung praktisch zusammenfallen.

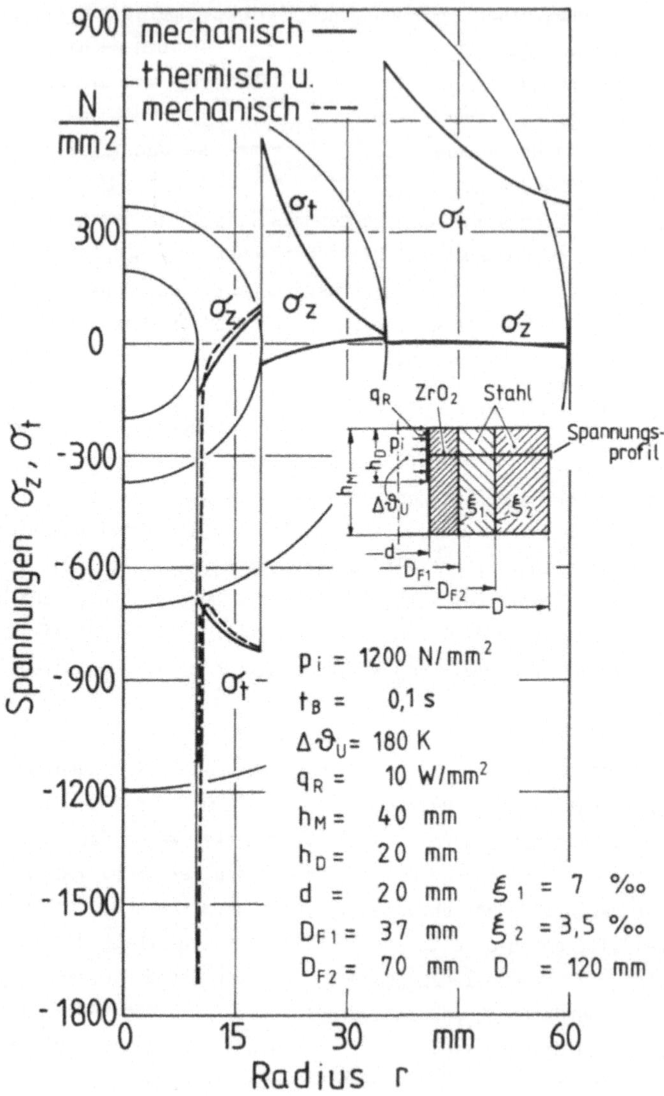

Bild 21: Einfluß einer instationären Temperatureinwirkung auf den Spannungsverlauf am Ende der Druckberührzeit (Matrizenwerkstoff: ZrO_2).

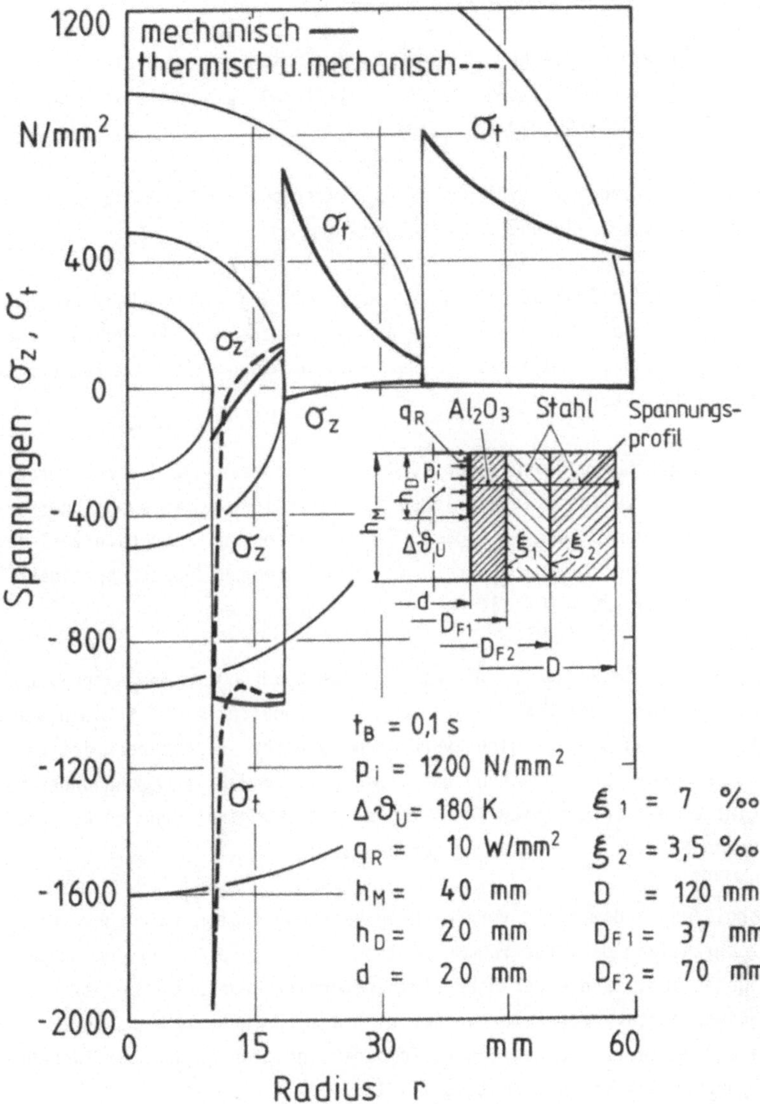

Bild 22: Einfluß einer instationären Temperatureinwirkung auf den Spannungsverlauf am Ende der Druckberührzeit
(Matrizenwerkstoff: Al₂O₃).

5.2.1.1 Einfluß einer Werkzeugvorwärmung

Für die Spannungsberechnung in einem vorgewärmten Werkzeug sind wie bei
der Kontakttemperatur (s. Abschnitt 5.1.1.1) zwei grundsätzliche Belastungsfälle zu unterscheiden:

- Spannungszustand beim Einlegen eines Werkstücks von Raumtemperatur;
- Spannungszustand während des Fließpreßvorgangs.

Zunächst wird der Einfluß einer Werkzeugvorwärmung auf die Beanspruchung
von der Matrize am Ende der Druckberührzeit untersucht. Die Matrize wird
durch den Innendruck, die radiale Werkzeugvorspannung und die Temperatureinwirkung belastet.

Die Werkzeugvorwärmung von außen wurde in der Berechnung dadurch berücksichtigt, daß die instationäre Temperaturverteilung im Werkzeug, hervorgerufen durch den Fließpreßvorgang, einer stationären Temperaturverteilung aufgrund der Vorwärmtemperatur ϑ_v am Werkzeugaußenrand überlagert
wurde (s. Abschnitt 4.3.2.1).

Die Bilder 23 und 24 zeigen die berechneten Spannungsverläufe entlang
der Innenkontur einer Matrize aus ZrO_2 und einer aus Al_2O_3 für ein vorgewärmtes Werkzeug und ein nicht vorgewärmtes Werkzeug. Außerdem ist die
rein mechanische Beanspruchung eingezeichnet. In den Wärmespannungen ist
der Einfluß der unterschiedlichen thermischen Längenausdehnungskoeffizienten von Matrize und Armierung berücksichtigt.

Im Vergleich zu dem nicht vorgewärmten Werkzeug treten im vorgewärmten
Werkzeug entlang der Druckraumbegrenzung niedrigere thermische Druckspannungen auf, da die geringere Temperaturdifferenz zwischen der zeitabhängigen Kontakttemperatur in der Wirkfuge: Werkstück/Werkzeug und der
Werkzeuggrundtemperatur geringere Temperaturgradienten im Oberflächenbereich hervorruft (s. Abschnitt 5.1.1.1).
Die von der Innendruckbelastung verursachte axiale Zugspannungsspitze an
der unteren Druckraumgrenze wird deshalb in geringerem Maße kompensiert.
Dies ist ein entscheidender Nachteil der Werkzeugvorwärmung, da die keramischen Werkzeugwerkstoffe sehr zugspannungsempfindlich sind.

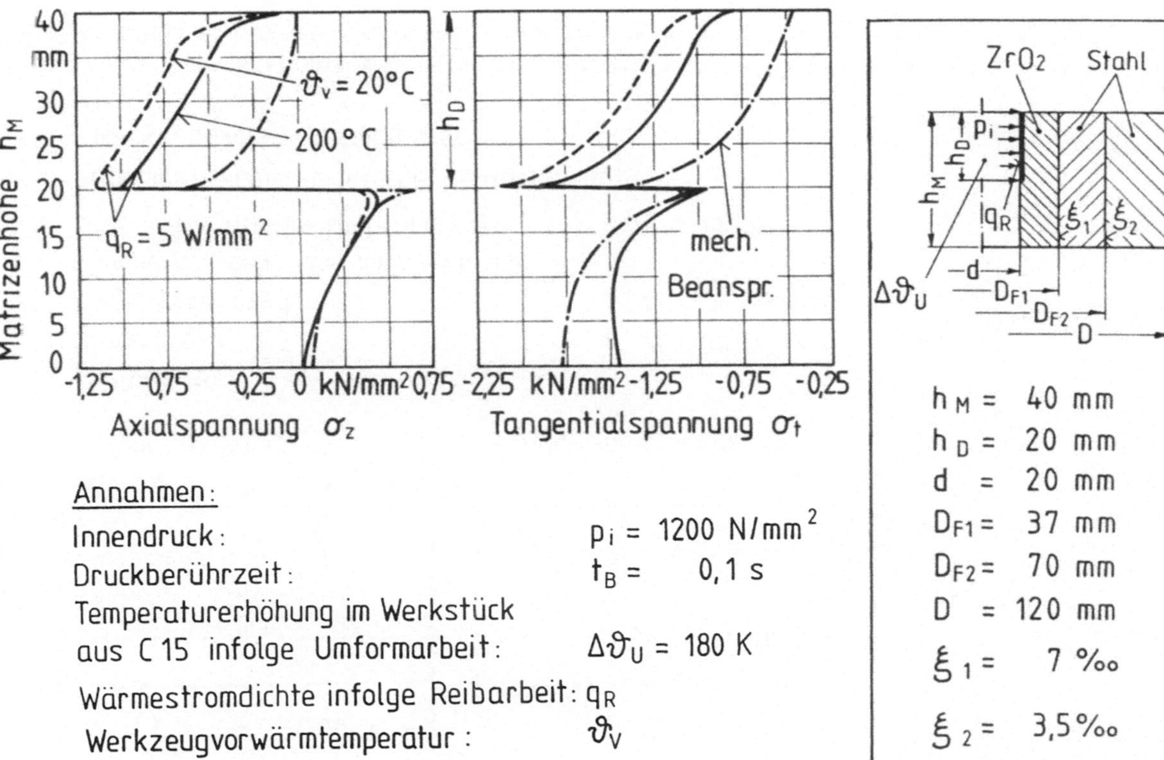

Bild 23: Einfluß einer Werkzeugvorwärmung auf den Spannungsverlauf infolge mechanischer Belastung und instationärer Temperatureinwirkung am Ende der Druckberührzeit (Matrizenwerkstoff: ZrO_2).

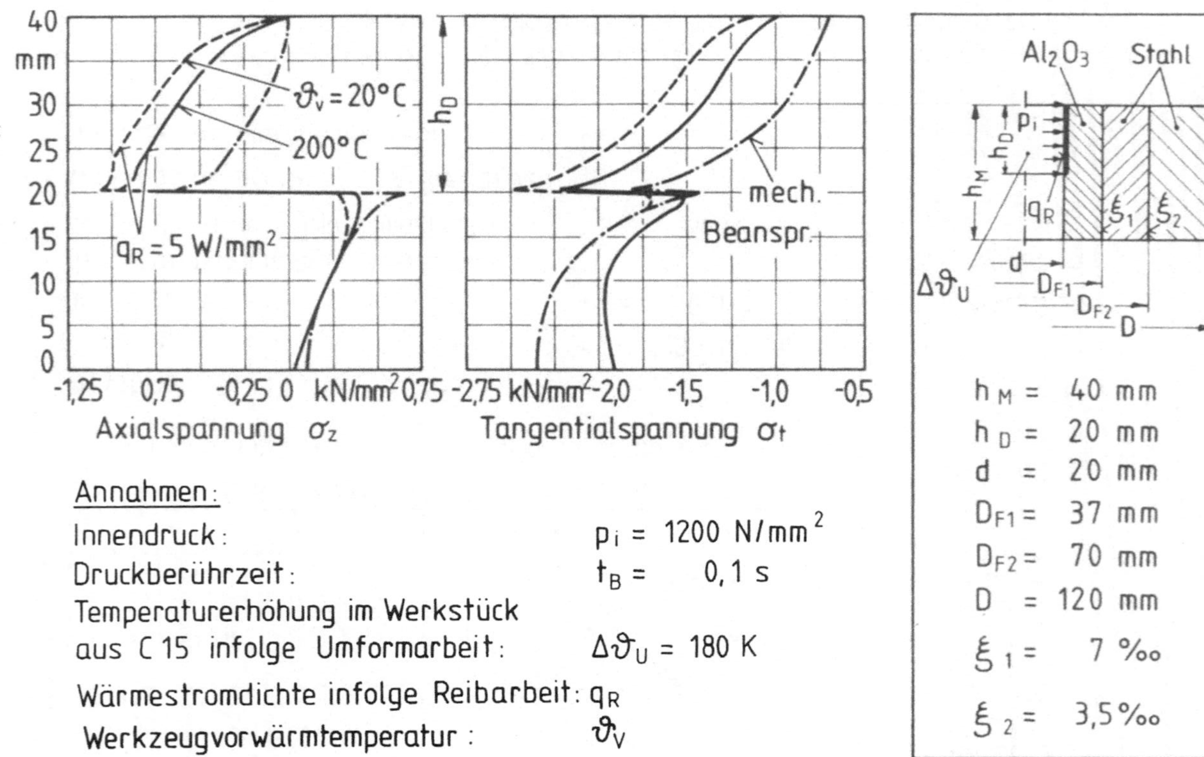

Bild 24: Einfluß einer Werkzeugvorwärmung auf den Spannungsverlauf infolge mechanischer Belastung und instationärer Temperatureinwirkung am Ende der Druckberührzeit (Matrizenwerkstoff: Al_2O_3).

Im betrachteten Beispiel werden die negativen Tangentialspannungen in
der unteren Matrizenhälfte stark abgebaut. Die Ursache hierfür ist das
axiale Temperaturgefälle im Werkzeug, das in der unteren Matrizenhälfte
starke thermische Zugspannungen in tangentialer Richtung hervorruft. Die
von außen zugeführte Wärme heizt im wesentlichen die obere Werkzeughälfte
auf, da am unteren Werkzeugrand ein idealer Wärmeübergang ($\alpha \to \infty$) angenommen wurde. Andernfalls würde die Werkzeugvorwärmung von außen einen
größeren Vorspannungsverlust verursachen. Darauf wird in Abschnitt 5.2.2.1
eingegangen.

Die Werkzeugvorwärmung hat keinen wesentlichen Einfluß auf die Axialspannungen unterhalb der Druckraumgrenze, da sich die Matrize insgesamt
wegen der angenommenen Reibungsfreiheit in der Fuge axial frei ausdehnen
kann.

Die niedrigeren thermischen Druckspannungen im vorgewärmten Werkzeug im
Vergleich zu denen im nicht vorgewärmten führen allerdings auch zu niedrigeren Spannungsgradienten in der Werkzeugoberfläche, was sich vorteilhaft auf die Werkzeugbeanspruchung auswirkt. Dies wird anhand der folgenden Bilder deutlich.

Die Bilder 25 und 26 geben den Verlauf der Axial- und Tangentialspannungen für dieselben Randbedingungen in einem Radialschnitt durch die Druckraummitte wieder. Wie im vorigen Abschnitt bereits gezeigt wurde, sind
die Wärmespannungen in der Armierung des nicht vorgewärmten Werkzeugs
sehr schwach, d.h. die mechanischen Spannungen und die Spannungen aufgrund
mechanischer und thermischer Belastung sind praktisch gleich. Ebenfalls
sind die Axialspannungen in der Armierung wegen der angenommenen Reibungsfreiheit in den Fugen nur schwach. Die Abnahme der Spannungsgradienten
in Punkt A beträgt in beiden Matrizen zwischen 18 % und 21 %. Im einzelnen folgt für die Spannungsgradienten in diesen Beispielen bei mechanischer und thermischer Belastung:

	$\Delta \sigma_z / \Delta r$		$\Delta \sigma_t / \Delta r$	
	ZrO_2	Al_2O_3	ZrO_2	Al_2O_3
ohne Vorwärmung:	2030 N/mm³	820 N/mm³	2020 N/mm³	830 N/mm³
mit Vorwärmung :	1610 N/mm³	670 N/mm³	1590 N/mm³	660 N/mm³

In diesen Werten kommt deutlich der Einfluß der Wärmeleitfähigkeit zum

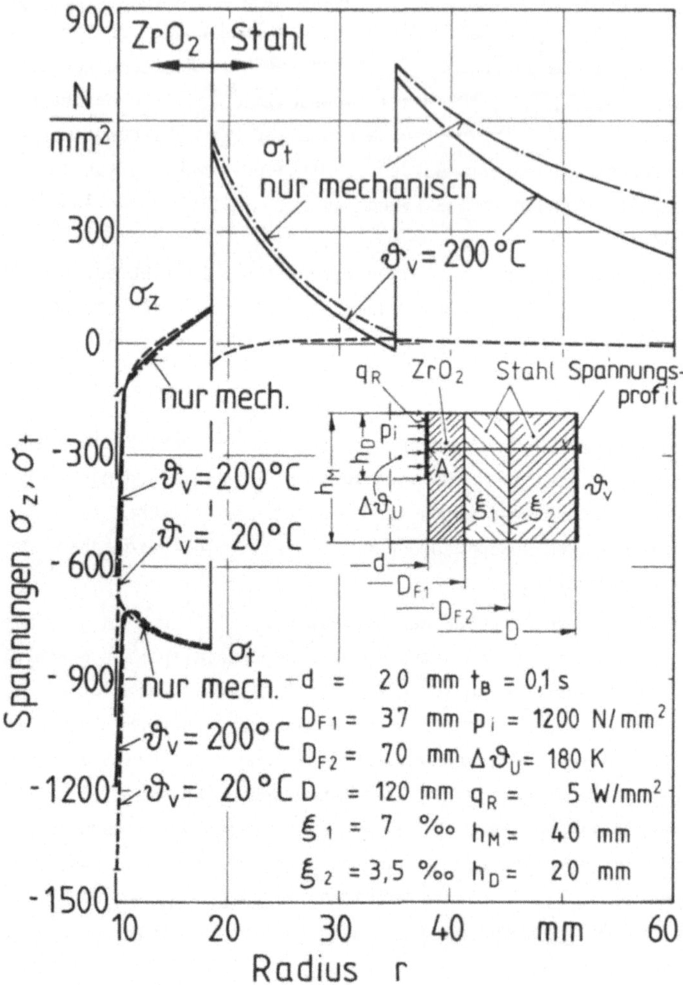

Bild 25: Einfluß einer Werkzeugvorwärmung auf den Spannungsverlauf infolge mechanischer Belastung und instationärer Temperatureinwirkung am Ende der Druckberührzeit (Matrizenwerkstoff: ZrO$_2$).

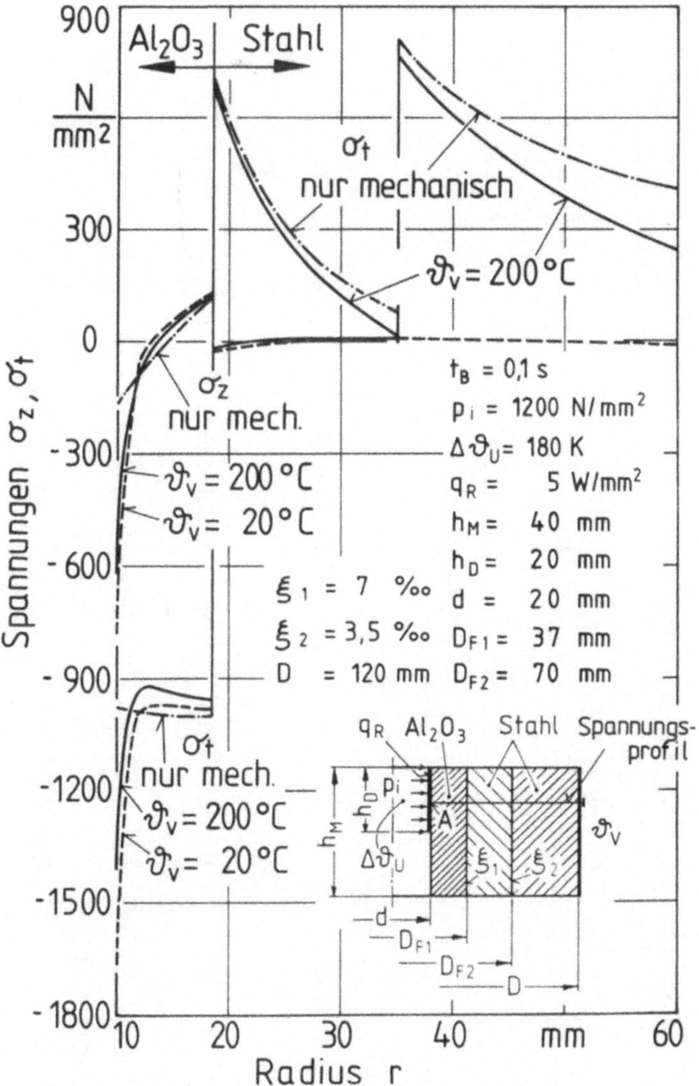

Bild 26: Einfluß einer Werkzeugvorwärmung auf den Spannungsverlauf infolge mechanischer Belastung und instationärer Temperatureinwirkung am Ende der Druckberührzeit (Matrizenwerkstoff: Al_2O_3).

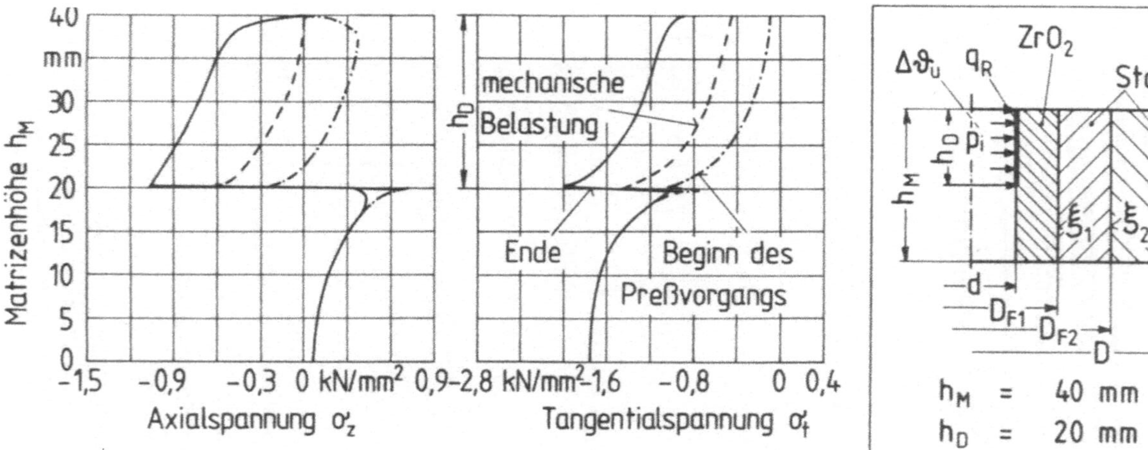

Annahmen:

Innendruck: $p_i = 1200\,N/mm^2$

Temperaturerhöhung i. Werkstk.

aus C15 inf. Umformarbeit: $\Delta\vartheta_u = 180\ K$

Wärmestromdichte inf.

Reibarbeit: $q_R = 10\,W/mm^2$

Werkzeuggrund-temp.: $\vartheta_{WZ} = 200°C$

Druckber.zeit:

$t_B = 0,1\,s$

h_M	=	40 mm
h_D	=	20 mm
d	=	20 mm
D_{F1}	=	37 mm
D_{F2}	=	70 mm
D	=	120 mm
ξ_1	=	7 ‰
ξ_2	=	3,5 ‰

Bild 27: Änderung des Spannungsverlaufs infolge mechanischer Belastung und instationärer Temperatureinwirkung während der Druckberührzeit.

Ausdruck. Die Wärmeleitfähigkeit von Al_2O_3 ist ungefähr 12-fach größer als diejenige von ZrO_2.

Die Werkzeugvorwärmung erniedrigt die tangentialen Zugspannungen in der Armierung und führt zu einer geringfügig kleineren Beanspruchung von dieser. Die maximale nach der Gestaltänderungsenergiehypothese berechnete Vergleichsspannung des 1. Armierungsrings wird bei ZrO_2 um 1,4 %, und diejenige des 2. Armierungsrings um 3,4 % herabgesetzt. Die entsprechenden Werte für Al_2O_3 sind 1,3 % und 4,5 %.

Im folgenden wird untersucht, welchen Einfluß das Einlegen des Werkstücks von Raumtemperatur auf die Beanspruchung des vorgewärmten Werkzeugs ausübt. In diesem Beispiel ist das gesamte Werkzeug auf die einheitliche Temperatur ϑ_{WZ} = 200°C vorgewärmt.

Bild 27 zeigt den Spannungsverlauf aufgrund mechanischer und thermischer Belastung entlang der Innenkontur einer Matrize aus ZrO_2 zu Beginn und am Ende der Druckberührzeit.
Der Oberflächenbereich des vorgewärmten Werkzeugs wird beim Einlegen des Werkstücks von Raumtemperatur abgeschreckt und versucht sich zusammenzuziehen. Das Werkzeuginnere, das noch seine ursprüngliche Temperatur und damit sein ursprüngliches Volumen hat, wirkt diesem Bestreben entgegen. Im Oberflächenbereich entstehen deshalb Verzerrungen, die thermische Zugspannungen hervorrufen. Diese erhöhen die gefährliche mechanische Zugspannungsspitze in axialer Richtung an der Druckraumgrenze. Diese Beanspruchungsart tritt auch in einem betriebswarmen Werkzeug auf. Aufgrund der intensiven Erwärmung der Werkzeugoberfläche während des Fließpreßvorgangs werden die thermischen Zugspannungen abgebaut und Druckspannungen gebildet. Dieses Beispiel zeigt deutlich den Einfluß der instationären Temperatureinwirkung auf die Werkzeugbeanspruchung.

5.2.1.2 Betriebswarmer Zustand des Werkzeugs

Die Matrize wird wieder durch den Innendruck, die radiale Werkzeugvorspannung und die Temperatureinwirkung belastet.
Der betriebswarme Zustand des Werkzeugs wurde in der Berechnung dadurch berücksichtigt, daß die instationäre Temperaturverteilung im Werkzeug, hervorgerufen durch die Herstellung eines einzelnen Werkstücks, einer sta-

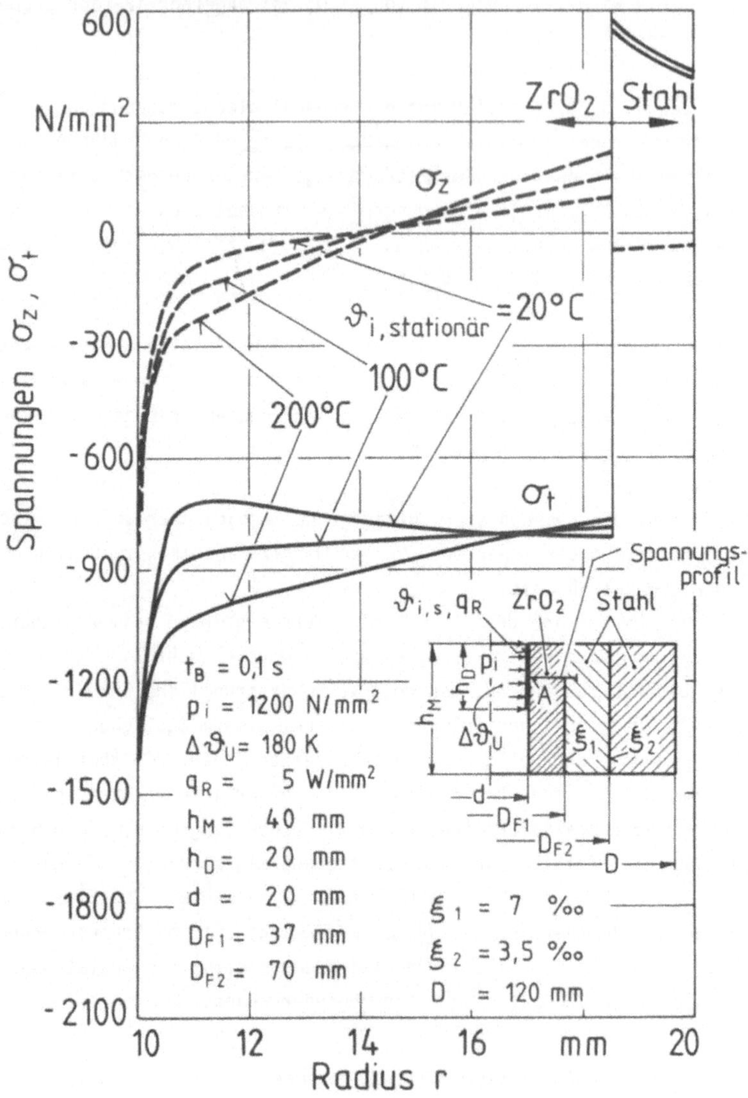

Bild 28: Einfluß des betriebswarmen Zustands des Werkzeugs auf den
Spannungsverlauf infolge mechanischer Belastung und instatio-
närer Temperatureinwirkung in einem Radialschnitt durch die
Druckraummitte (Matrizenwerkstoff: ZrO_2).

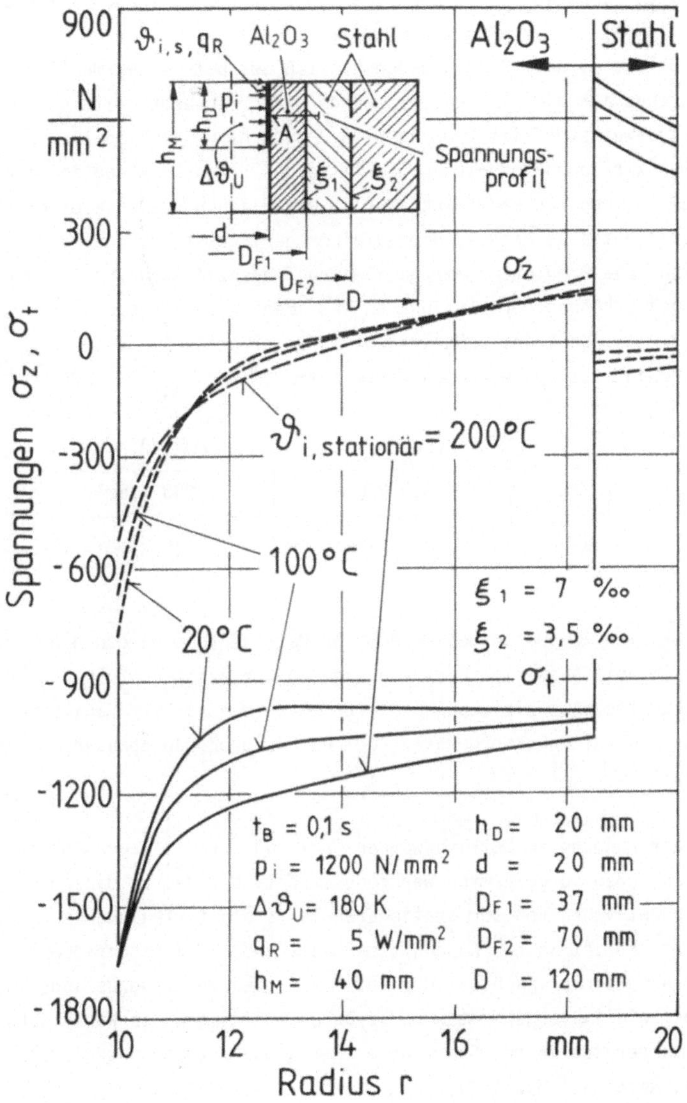

Bild 29: Einfluß des betriebswarmen Zustands des Werkzeugs auf den Spannungsverlauf infolge mechanischer Belastung und instationärer Temperatureinwirkung in einem Radialschnitt durch die Druckraummitte (Matrizenwerkstoff: Al_2O_3).

tionären Temperaturverteilung überlagert wurde (s. Abschnitt 4.3.2.1).

Die Bilder 28 und 29 zeigen den Einfluß des betriebswarmen Zustands des Werkzeugs auf die Spannungen am Ende der Druckberührzeit. Der verwendete Matrizenwerkstoff ist ZrO_2 in Bild 28 und Al_2O_3 in Bild 29. Im betriebswarmen Werkzeug sind ebenso wie im vorgewärmten Werkzeug im Vergleich zu einem solchen von Raumtemperatur im Oberflächenbereich kleinere Temperaturgradienten vorhanden, die zu einer geringeren Werkzeugbeanspruchung führen. Die Gradienten der Axial- und Tangentialspannung in Punkt A werden bei Erhöhung der stationären Matrizeninnenwandtemperatur von $\vartheta_{i,s}$ = 20°C auf $\vartheta_{i,s}$ = 100°C bei ZrO_2 um jeweils ungefähr 16 % und bei Al_2O_3 um 14 % erniedrigt. Die berechneten Werte betragen für $\vartheta_{i,s}$ = 100°C:

	$\Delta\sigma_z/\Delta r$	$\Delta\sigma_t/\Delta r$
ZrO_2	1 690 N/mm³	1 690 N/mm³
Al_2O_3	700 N/mm³	710 N/mm³

Die axialen Zugspannungen am äußeren Matrizenrand werden dagegen erhöht, denn im betriebswarmen Werkzeug ergeben die axialen Druckspannungen größere Druckkräfte. Aus Gleichgewichtsgründen werden am Matrizenaußenrand gleich große Zugkräfte hervorgerufen, welche die größeren Spannungen zur Folge haben.

Die Vorspannung im betriebswarmen Werkzeug wird im Gegensatz zu derjenigen im von außen vorgewärmten Werkzeug erhöht. Der Betrag dieser Erhöhung wird im wesentlichen von der stationären Temperaturverteilung im Werkzeug bestimmt. Er ist in den Abschnitten 5.2.2 und 5.2.3 beschrieben.
Ein wesentlicher Nachteil des betriebswarmen Werkzeugzustands ist, daß ebenso wie im vorgewärmten Werkzeug beim Einlegen des Werkstücks von Raumtemperatur in der Oberfläche thermische Zugspannungen auftreten (vgl. Abschnitt 5.2.1.1).

5.2.2   Stationäre Temperatureinwirkung

Die instationäre Temperatureinwirkung beeinflußt die Wärmespannungen im Bereich der Werkzeugoberfläche; die Temperaturbeanspruchung im Werkzeug-

inneren ist dagegen von der stationären Temperaturverteilung im Werkzeug
abhängig.

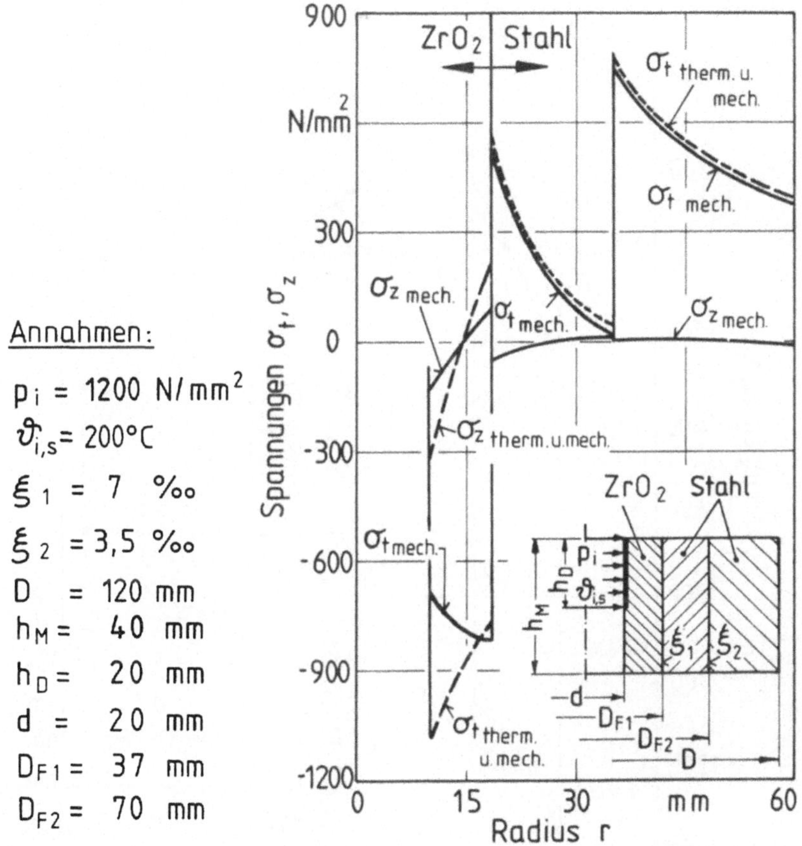

Annahmen:

$p_i = 1200$ N/mm^2

$\vartheta_{i,s} = 200°C$

$\xi_1 = 7$ ‰

$\xi_2 = 3,5$ ‰

$D = 120$ mm

$h_M = 40$ mm

$h_D = 20$ mm

$d = 20$ mm

$D_{F1} = 37$ mm

$D_{F2} = 70$ mm

Bild 30: Einfluß einer stationären Temperatureinwirkung auf den
Spannungsverlauf im Radialschnitt durch die Druckraummitte
(Matrizenwerkstoff: ZrO$_2$).

Die Bilder 30 und 31 zeigen außer der Werkzeugbeanspruchung bei mechanischer Belastung und zusätzlicher Temperatureinwirkung diejenige bei rein
mechanischer Belastung. In den Wärmespannungen ist der Einfluß der unterschiedlichen thermischen Längenausdehnungskoeffizienten von Matrize und
Armierung berücksichtigt.

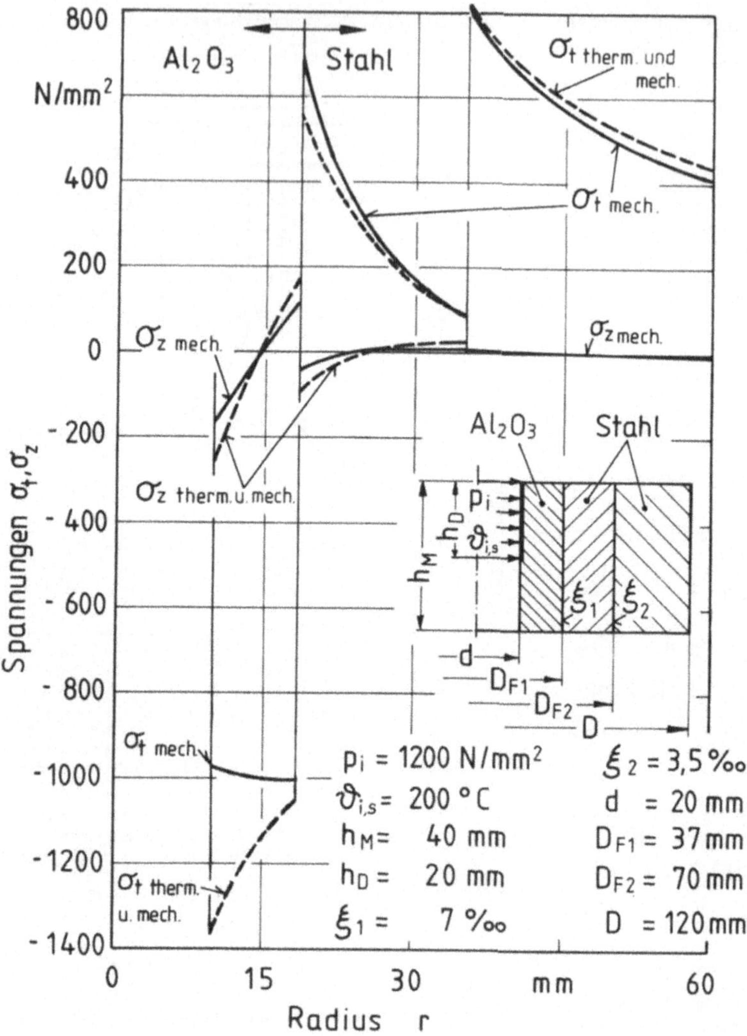

Bild 31: Einfluß einer stationären Temperatureinwirkung auf den
Spannungsverlauf im Radialschnitt durch die Druckraummitte
(Matrizenwerkstoff: Al_2O_3).

Die größten Wärmespannungen treten wie bei instationärer Temperatureinwirkung in der Matrize auf, da hier die größten Temperaturgradienten vorhanden sind. Allerdings ist der Temperatureinfluß hier nicht so ausgeprägt, da im stationären Zustand eine gleichmäßigere Temperaturverteilung über den Werkzeugquerschnitt vorliegt, d.h. es bestehen nur kleine Temperaturgradienten und damit niedrige Wärmespannungen.

Die tangentialen Wärmespannungen zeigen deutlich den Einfluß der Wärmeleitfähigkeit. Das starke Temperaturgefälle in der ZrO_2-Matrize, hervorgerufen durch die geringe Wärmeleitfähigkeit, führt dazu, daß der Übergang von thermischer Druck- zu Zugbeanspruchung bereits in der Matrize auftritt. Die sehr viel größere Wärmeleitfähigkeit von Al_2O_3 ergibt dagegen ein kleineres Temperaturgefälle im Werkzeug, und die Spannungsumkehr findet erst im 1. Armierungsring statt. Aufgrund der angenommenen Reibungsfreiheit in den Fugen sind die Axialspannungen im 1. Armierungsring sehr gering und im 2. Armierungsring näherungsweise gleich Null.

5.2.2.1 Einfluß einer stationären Temperatureinwirkung auf den Vorspannungszustand

Die Fließpreßkraft verursacht mittelbar tangentiale Zugspannungen in der Matrize. Um diese Spannungen abzubauen, wird die Matrize radial vorgespannt. Hierzu werden auf die Fließpreßmatrize ein einzelner oder mehrere Armierungsringe aufgeschrumpft; bei kegeliger Fügefläche wird dagegen die Matrize in die Armierung eingepreßt. Der Außendurchmesser der Matrize wird dazu etwas größer ausgeführt als der entsprechende Innendurchmesser der Armierung. Dadurch entsteht ein Übermaß $z = \Delta D$, das beim Fügen der Teile zu einer elastischen Dehnung der Matrize und der Armierung führt. Diese elastische Dehnung ruft in der Fuge eine negative Radialspannung hervor.
Wird das Übermaß auf den sich beim Fügen einstellenden Fugendurchmesser D_{F1} bezogen, so ergibt sich das relative Haftmaß $\xi_1 = Z/D_{F1} = \Delta D/D_{F1}$.
Das relative Haftmaß hat daher den Charakter einer Dehnung und ist ein Maß für die Größe der Vorspannung.
Im folgenden wird der Temperatureinfluß auf das relative Haftmaß untersucht.

Betriebswarmes Werkzeug

Die Bilder 32 und 33 zeigen für die Beispiele in den Bildern 30 und 31 den Radialspannungsverlauf in der Fuge: Matrize/1. Armierungsring.

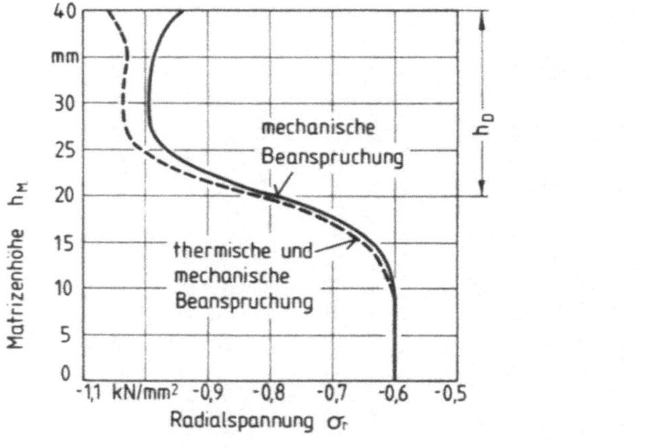

Annahmen:

Innendruck: p_i = 1200 N/mm²
stationäre Matrizeninnenwandtemp.: $\vartheta_{i,s}$ = 200 °C

Bild 32: Radialspannungen in der Fuge: ZrO_2-Matrize /
1. Armierungsring bei mechanischer Belastung
und stationärer Temperatureinwirkung.

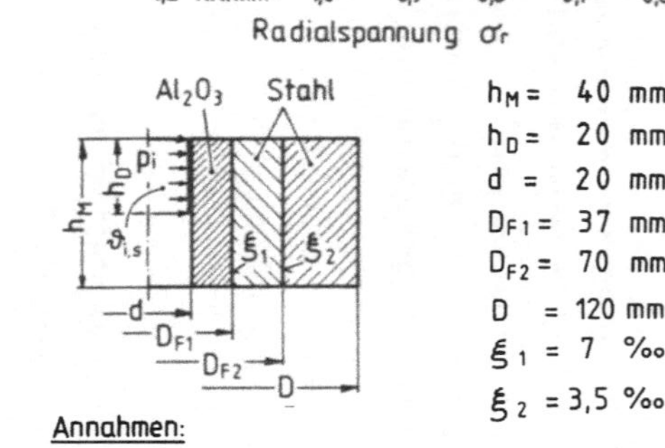

Annahmen:

Innendruck: p_i = 1200 N/mm²
stationäre Matrizeninnenwandtemp.: $\vartheta_{i,s}$ = 200 °C

Bild 33: Radialspannungen in der Fuge: Al_2O_3-Matrize /
1. Armierungsring bei mechanischer Belastung
und stationärer Temperatureinwirkung.

Die Temperatureinwirkung erhöht die Radialspannung in Druckraummitte
bei ZrO_2 um 5 % und bei Al_2O_3 um 8 %. Dies entspricht einer Steigerung
des relativen Haftmaßes um 0,6 °/oo bei ZrO_2 und um 1 °/oo bei Al_2O_3.

Interessant ist, daß die Temperatureinwirkung die Vorspannung bei Al_2O_3
noch mehr vergrößert als bei ZrO_2, obwohl der thermische Längenausdehnungskoeffizient von ZrO_2 um 10 % und der von Al_2O_3 sogar um 27 % geringer
ist als derjenige der Stahlarmierung. Die Ursache dafür ist: Die Erhöhung
der Vorspannung wird durch das radiale Temperaturgefälle im Werkzeug hervorgerufen (vgl. Bild 18). Die Matrize, die stärker erwärmt wird als
die Armierung, versucht sich entsprechend ihrer Temperatur auszudehnen.
Der im Vergleich zur Stahlarmierung geringere thermische Längenausdehnungskoeffizient der Keramikmatrize ermöglicht dies zwar teilweise, jedoch nicht vollständig. Die Matrize wird dadurch stärker vorgespannt.
Die höhere Aufheizung der Matrize aus Al_2O_3 im Vergleich zu derjenigen
aus ZrO_2 gleicht dabei den geringeren thermischen Längenausdehnungskoeffizienten von Al_2O_3 aus. Bei der Al_2O_3-Matrize kommt jedoch noch der
Einfluß des Temperaturgefälles in der Armierung hinzu. Der wärmere Innen-
teil der Armierung wird vom kälteren Außenteil an seiner freien Ausdehnung gehindert. Dieser wirkt wie ein Armierungsring, der die Vorspannung
zusätzlich erhöht. Dagegen führt die äußerst gleichmäßige Temperaturverteilung in der Armierung der ZrO_2-Matrize zu einer einheitlichen, jedoch
sehr geringen Ausdehnung der Armierung. Dies wirkt der Erhöhung der Vorspannung entgegen.

Ein ausreichendes Temperaturgefälle im Werkzeug kann auch dann die Vorspannung erhöhen, wenn der thermische Längenausdehnungskoeffizient der
Matrize sehr klein ist. Als Beispiel wird eine Matrize aus Si_3N_4 betrachtet. Der thermische Längenausdehnungskoeffizient von Si_3N_4 beträgt
nur 27 % des Wertes der Stahlarmierung.
In Bild 34 ist der Spannungsverlauf bei mechanischer Belastung und zusätzlicher Temperatureinwirkung für zwei verschiedene Matrizeninnenwandtemperaturen sowie die rein mechanische Beanspruchung eingezeichnet.
Entsprechend der Erklärung zu Bild 33 ruft das Temperaturgefälle im Armierungsring an seinem Innenrand thermische Druck- und an seinem Außen-
rand thermische Zugspannungen in tangentialer Richtung hervor. Die zugrunde liegende Ausdehnungsbehinderung des Innenteils der Armierung trägt
zur Erhöhung der Vorspannung bei.

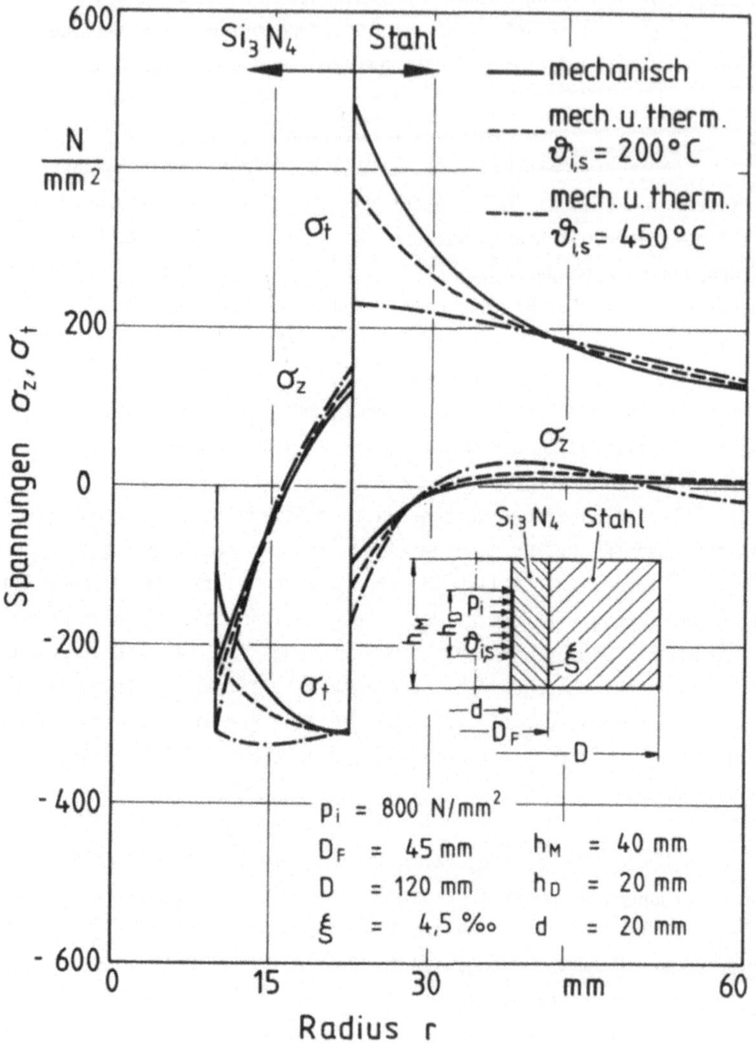

Bild 34: Einfluß einer stationären Temperatureinwirkung auf den Spannungsverlauf in einem Radialschnitt durch die Druckraummitte
(Matrizenwerkstoff: Si_3N_4).

Bild 35 zeigt den Radialspannungsverlauf in der Fuge für dieselben Randbedingungen. Die Radialspannung wird bei $\vartheta_{i,s}$ = 200 °C um 3 % und bei $\vartheta_{i,s}$ = 450°C um 8 % erhöht. Dies entspricht einer Steigerung des relativen Haftmaßes um 0,2 °/$_{oo}$ bzw. 0,6 °/$_{oo}$.

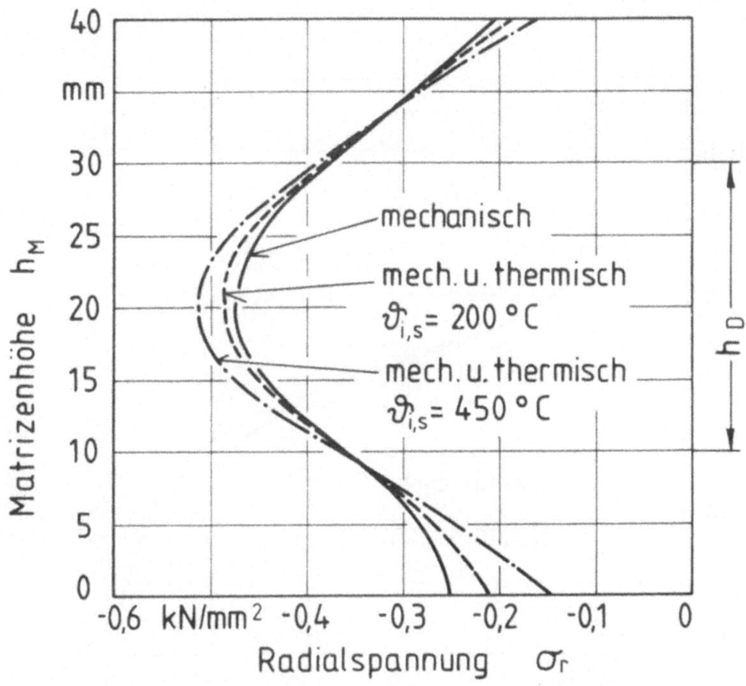

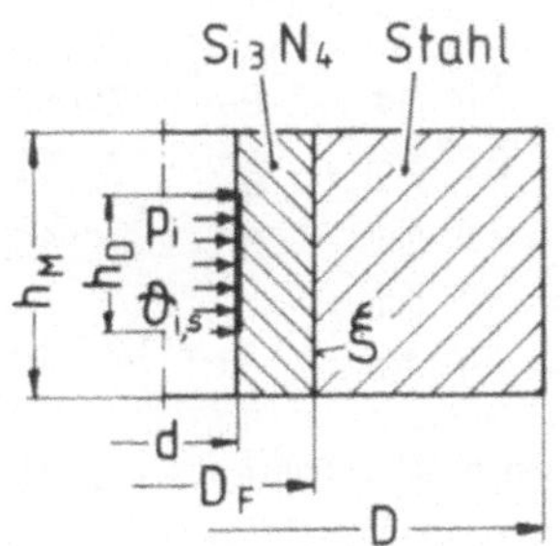

p_i = 800 N/mm²

h_M = 40 mm

h_D = 20 mm

d = 20 mm

D_F = 45 mm

D = 120 mm

ξ = 4,5 ‰

Bild 35: Radialspannungsverlauf in der Fuge: Si_3N_4-Matrize / Armierungsring bei mechanischer Belastung und stationärer Temperatureinwirkung.

Eine temperaturbedingte Erhöhung der Vorspannung ist gerade für Keramikmatrizen besonders vorteilhaft, da das Einpressen dieser Matrizen nicht
problemlos ist. Es besteht die Gefahr, daß die Matrizen wegen der extremen Sprödigkeit der keramischen Werkzeugwerkstoffe beim Einpressen be-
schädigt werden.

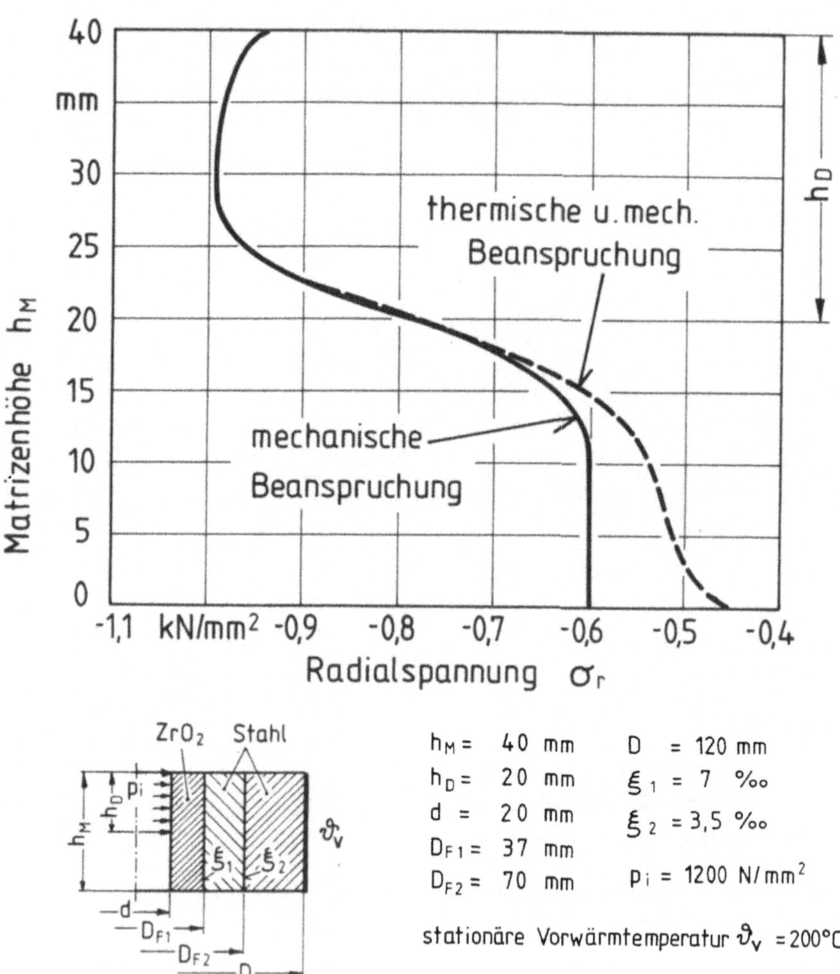

Bild 36: Einfluß einer Werkzeugvorwärmung von außen auf den Radialspannungsverlauf in der Fuge: ZrO_2-Matrize / 1. Armierungsring.

Von außen vorgewärmtes Werkzeug

Der Einfluß einer Werkzeugvorwärmung von außen auf den Radialspannungsverlauf in der Fuge: Matrize/1. Armierungsring wird in Bild 36 am Beispiel
einer ZrO_2-Matrize gezeigt. In diesem Beispiel fällt der Spannungsverlauf
bei mechanischer Beanspruchung mit dem bei zusätzlicher Temperatureinwirkung im oberen Werkzeugteil zusammen, d.h. in diesem Bereich ist die Vorspannung unbeeinflußt von der Temperatur. Die Ursache hierfür ist, daß das
axiale Temperaturgefälle im Werkzeug, das von dem idealen Wärmeübergang
am unteren Werkzeugrand herrührt, im oberen Teil thermische Druckspannungen erzeugt. Der Einfluß dieser Druckspannungen gleicht denjenigen der
unterschiedlichen thermischen Längenausdehnungskoeffizienten aus. Die
thermischen Zugspannungen im unteren Werkzeugteil führen zu einem Vorspannungsverlust.

5.2.2.2 Einfluß der Druckraumlage

Die Werkzeugbeanspruchung wurde für zwei verschiedene Lagen des Druckraums
untersucht. Der Druckraum erstreckte sich im ersten Fall ($h_o/h_D = 1$) bis
zum oberen Matrizenrand und war im zweiten Fall ($h_o/h_D = 0,5$) symmetrisch
zur Matrizenmitte angeordnet. Die Druckraumhöhe war in beiden Fällen
gleich.

Bild 37 gibt den Verlauf der Axial- und Tangentialspannung für die Matrize
aus ZrO_2 und denjenigen der nach der GEH berechneten Vergleichsspannung
für die beiden Armierungsringe aus Stahl jeweils entlang der Innenkontur
des Bauteils wieder. Das Werkzeug wurde mit der stationären Matrizeninnenwandtemperatur $\vartheta_{i,s}$ = 200°C, dem Innendruck p_i = 1200 N/mm² und der radialen Werkzeugvorspannung mit den relativen Haftmaßen ξ_1 = 7 °/oo und
ξ_2 = 3,5 °/oo belastet.
Bei der oberen Druckraumlage tritt wegen der nicht mehr vorhandenen Stützwirkung des unbelasteten Bereichs eine deutlich höhere Werkzeugbeanspruchung auf. Die tangentiale Druckvorspannung am oberen Matrizenrand wird
um fast 50 % abgebaut; die maximale Vergleichsspannung des 1. Armierungsrings nimmt um 18 %, und die des 2. Armierungsrings um 10 % zu.

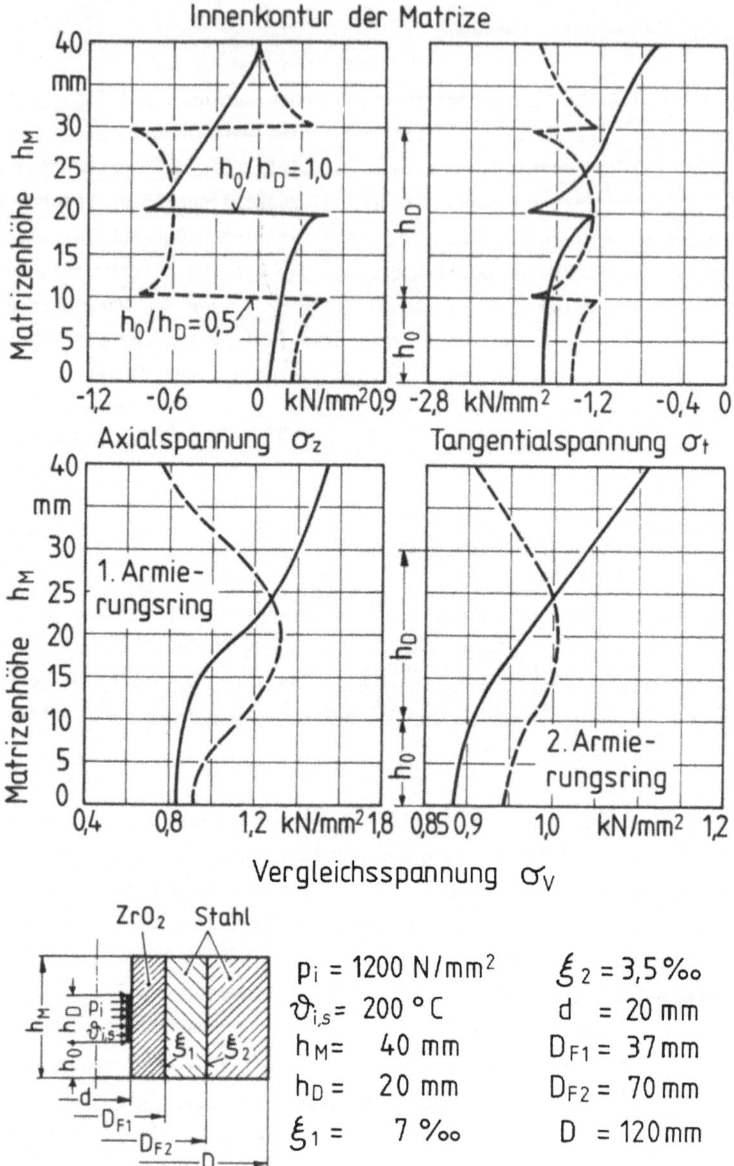

Bild 37: Einfluß der Druckraumlage auf den Spannungsverlauf entlang der Innenkontur der einzelnen Bauteile bei mechanischer Belastung und stationärer Temperatureinwirkung.

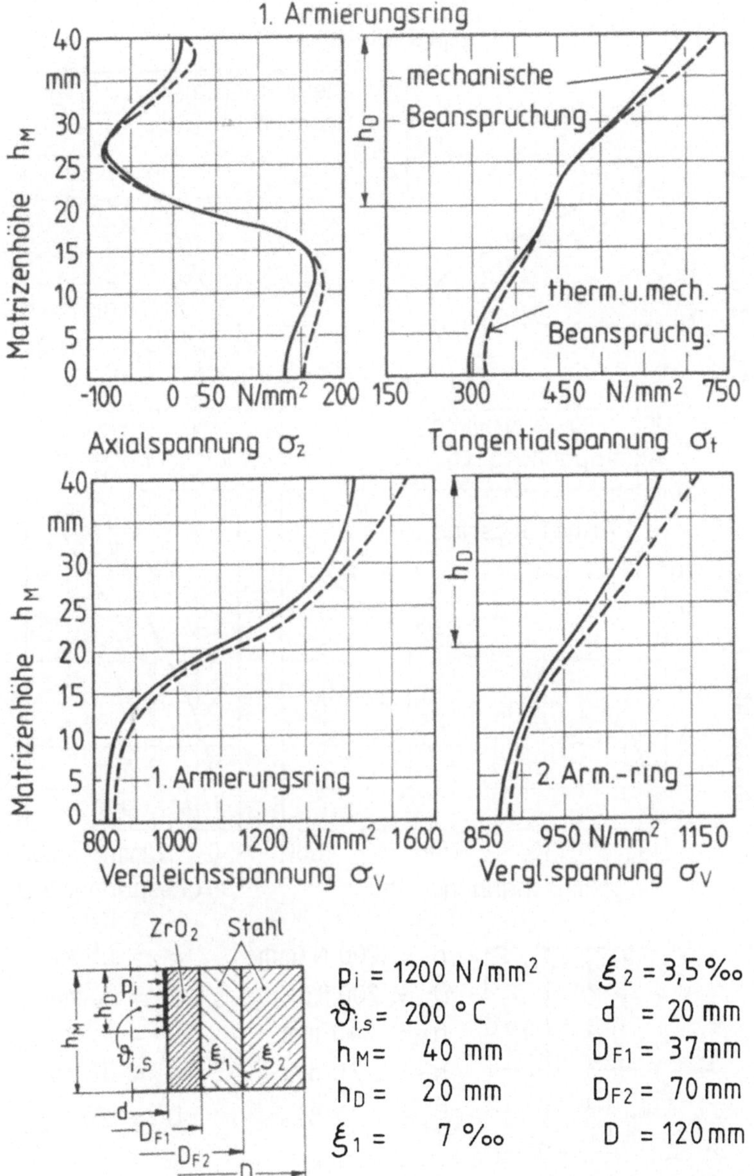

Bild 38: Einfluß einer stationären Temperatureinwirkung auf den Spannungsverlauf entlang der Innenkontur der beiden Armierungsringe
(Matrizenwerkstoff: ZrO_2).

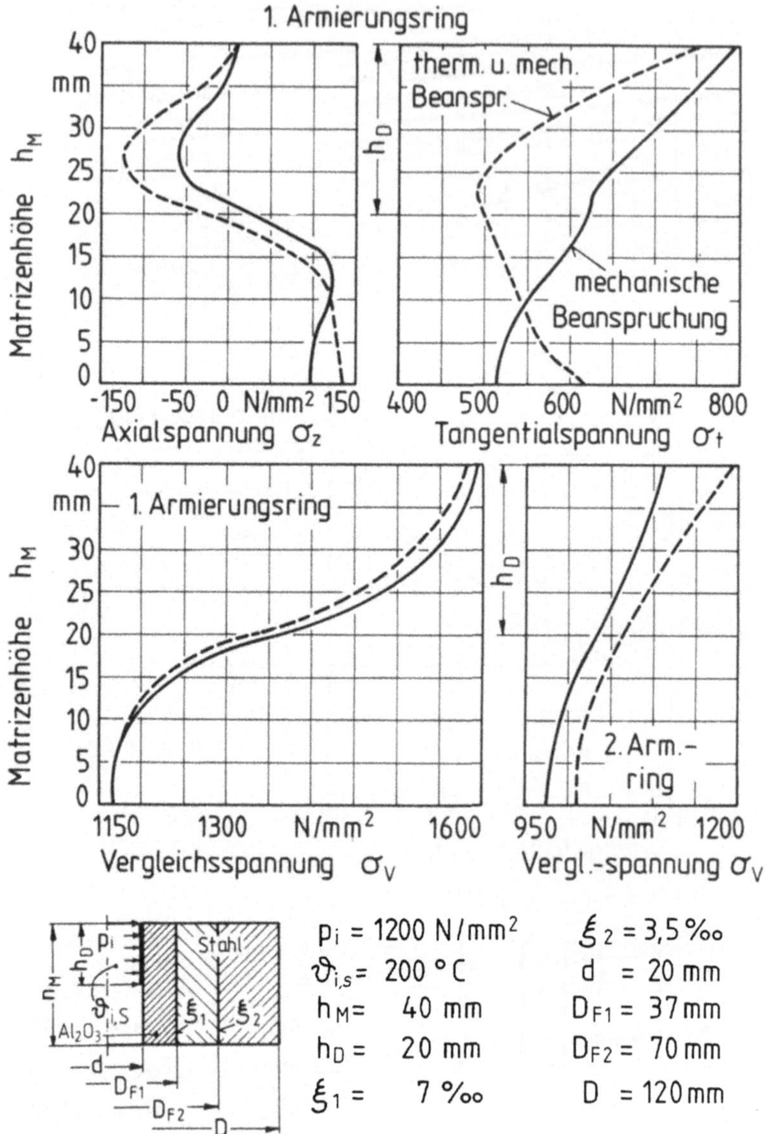

Bild 39: Einfluß einer stationären Temperatureinwirkung auf den Spannungsverlauf entlang der Innenkontur der beiden Armierungsringe
(Matrizenwerkstoff: Al_2O_3).

5.2.2.3 Beanspruchung der Armierung

Für den praktischen Einsatz von Keramikmatrizen ist es von Interesse, den Einfluß der Temperatureinwirkung auf die Beanspruchung der Armierung zu kennen.

Die Bilder 38 und 39 zeigen außer den resultierenden Spannungen infolge mechanischer Belastung und stationärer Temperatureinwirkung diejenigen bei rein mechanischer Belastung entlang der Innenkontur der beiden Armierungsringe. Der Matrizenwerkstoff ist ZrO_2 in Bild 38 und Al_2O_3 in Bild 39. Wie aus Bild 18 in Abschnitt 5.1.2 zu ersehen ist, führt die geringe Wärmeleitfähigkeit von ZrO_2 zu einem starken Temperaturgefälle in der Matrize und zu einer fast einheitlichen Temperatur in der Armierung. Das Temperaturgefälle in dem dargestellten Preßverband mit der Al_2O_3-Matrize erstreckt sich dagegen wegen der größeren Wärmeleitfähigkeit von Al_2O_3 über den gesamten Werkzeugquerschnitt. Dieses unterschiedliche Temperaturverhalten trägt zu der verschiedenartigen Beanspruchung der Armierung bei. Im Fall der Al_2O_3-Matrize werden die resultierenden Axial- und Tangentialspannungen stark von den Wärmespannungen beeinflußt. Die vom Druckraum ausgehende Wärmezufuhr erzeugt im oberen Werkzeugteil thermische Druckspannungen und im unteren Teil thermische Zugspannungen, da in der Berechnung am unteren Werkzeugrand ein idealer Wärmeübergang ($\alpha \rightarrow \infty$) mit ϑ = 20°C angenommen wurde. Diese Wärmespannungen führen im ersten Armierungsring zu einer kleineren und im zweiten Armierungsring zu einer größeren Vergleichsspannung im Vergleich zu derjenigen bei rein mechanischer Belastung. Im Gegensatz dazu verursacht die Temperatureinwirkung bei ZrO_2 in beiden Armierungsringen eine größere Vergleichsspannung, was auf die in beiden Armierungsringen vorhandenen thermischen Zugspannungen zurückzuführen ist (vergl. Bild 30). Diese erhöhen die mechanischen Zugspannungen.

Die rein mechanische Beanspruchung der Armierung ist wegen des fast doppelt so großen Elastizitätsmoduls von Al_2O_3 im Vergleich zu demjenigen von ZrO_2 bei Al_2O_3 entsprechend größer.

Die Lagerung des Werkzeugs am unteren Rand ruft hier axiale Zugspannungen hervor.

5.2.3 Vergleich: Betriebswarmes Werkzeug - vorgewärmtes Werkzeug

Die größte Zugbeanspruchung in armierten Matrizen für das Napf-Rückwärts-Fließpressen tritt am Übergang von belasteter zu unbelasteter Matrizen-

innenwandfläche auf (vergl. Bilder 19 und 20). Diese Zugbeanspruchung
kann leicht zu Querrissen im Werkzeug führen und ist daher für die Auslegung von Keramikmatrizen von entscheidender Bedeutung. Um diese Zugspannungen zu vermindern, ist eine axiale Vorspannung der Matrize erforderlich (vergl. Kap. 6).

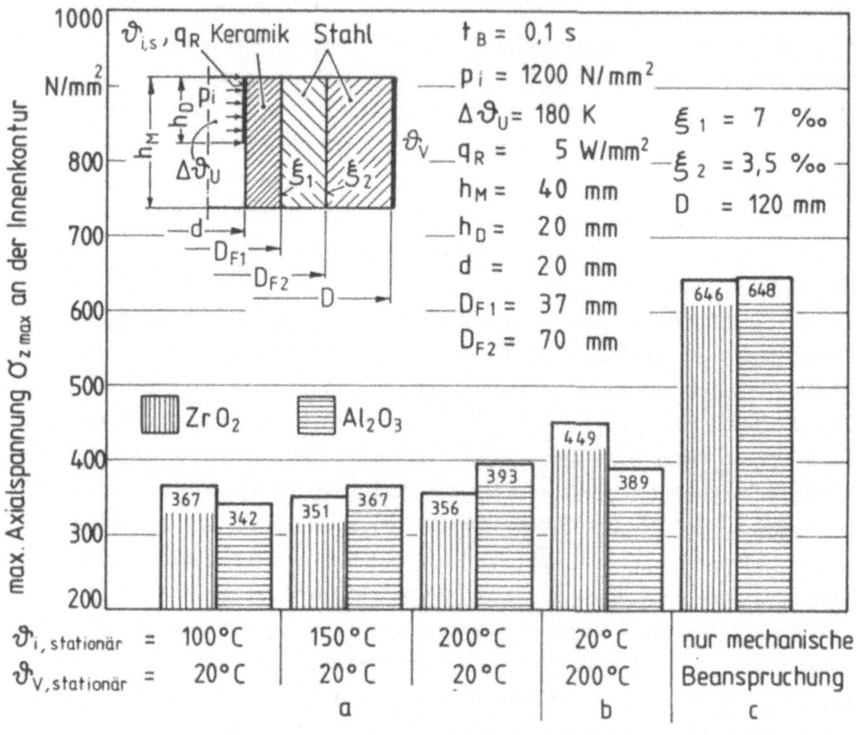

Bild 40: Maximale Axialspannung an der Matrizeninnenkontur bei mechanischer Belastung und instationärer Temperatureinwirkung:
a) betriebswarmes Werkzeug
b) von außen vorgewärmtes Werkzeug
c) nur mechanische Beanspruchung.

Die thermischen Druckspannungen an der Matrizeninnenkontur führen ebenfalls zu einer Verringerung dieser Zugspannungen. In Bild 40 sind für die

Matrizen aus ZrO_2 und Al_2O_3 die höchsten axialen Zugspannungen, die entlang der Innenkontur auftreten, für verschiedene Belastungsfälle aufgetragen. Die mechanische Belastung setzt sich in allen Fällen aus dem Innendruck p_i und der radialen Werkzeugvorspannung zusammen. Die zusätzliche instationäre Temperaturbelastung wirkt auf ein betriebswarmes Werkzeug (Fall a) und ein von außen vorgewärmtes Werkzeug (Fall b) ein. Im Fall des betriebswarmen Werkzeugs dient ϑ_V, und im Fall des vorgewärmten Werkzeugs $\vartheta_{i,s}$ als Umgebungstemperatur bei der Berechnung des konvektiven Wärmeaustauschs im stationären Teil der Temperaturberechnung. Die Beanspruchung wird am Ende der Druckberührzeit betrachtet.

Die maximale Axialspannung steigt bei Al_2O_3 mit zunehmender stationärer Matrizeninnenwandtemperatur $\vartheta_{i,s}$ linear an. Die Ursache hierfür ist, daß die Temperaturgradienten im Bereich der Werkzeugoberfläche mit wachsender Betriebstemperatur abnehmen, d. h. es treten niedrigere thermische Druckspannungen auf. Die von der Innendruckbelastung verursachten axialen Zugspannungen werden deshalb in geringerem Maße kompensiert.

Der eingezeichnete Wert für ZrO_2 bei $\vartheta_{i,s}$ = 100°C tritt im Übergangsbereich von thermischer Druck- zu Zugbeanspruchung auf, d. h. hier sind nur geringe Druckspannungen vorhanden. Das starke Temperaturgefälle in der ZrO_2-Matrize hat nur ein kleines Gebiet mit Druckbeanspruchung zur Folge. Mit zunehmender Betriebstemperatur vergrößert sich dieses Gebiet, und für $\vartheta_{i,s} \geq 150°C$ verschwindet der Einfluß des Randes auf die dargestellten Werte.
Eine Werkzeugvorwärmung von außen verkleinert die durch eine instationäre Temperatureinwirkung hervorgerufenen thermischen Druckspannungen in der oberen Matrizenhälfte. Von der Innendruckbelastung verursachte Zugspannungen werden deshalb in geringerem Maße kompensiert. Dies trifft besonders für ZrO_2 zu.

In Bild 41 ist der Temperatureinfluß auf das relative Haftmaß in der Fuge: Matrize/1. Armierungsring dargestellt. Als Maß für die Änderung des relativen Haftmaßes wird die Radialspannung in Punkt A der Fuge herangezogen. Im betriebswarmen Werkzeug steigt die Vorspannung nahezu linear mit der Matrizeninnenwandtemperatur an. In einem vom außen vorgewärmten Werkzeug ist der Vorspannungsverlust stark von der Temperaturverteilung im Werkzeug und von dem Unterschied der thermischen Längenausdehnungskoeffizien-

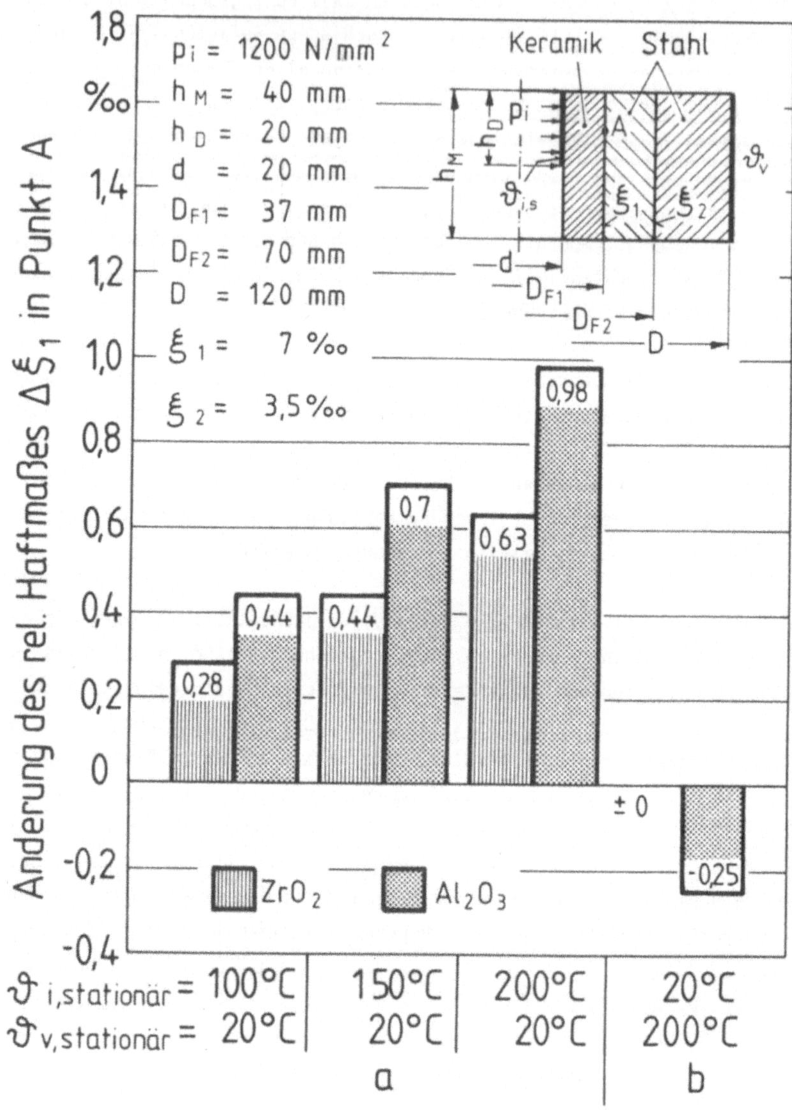

Bild 41: Einfluß einer stationären Temperatureinwirkung auf das relative Haftmaß in Punkt A der inneren Fuge:
a) betriebswarmes Werkzeug
b) von außen vorgewärmtes Werkzeug.

ten von Matrize und Armierung abhängig. Der thermische Längenausdehnungskoeffizient von ZrO_2 ist um 10 % und der von Al_2O_3 um 27 % niedriger als derjenige der Stahlarmierung.

5.3 Mechanische Beanspruchung

In diesem Abschnitt werden die gesetzmäßigen Zusammenhänge zwischen der rein mechanischen Belastung und den Spannungen in den betrachteten einfach und doppelt armierten Preßverbänden aufgezeigt. Diese Zusammenhänge sind für Stahlmatrizen in [13, 14] ausführlich dargestellt; dagegen sind sie für Matrizen aus den verwendeten keramischen Werkzeugwerkstoffen in der Literatur noch nicht beschrieben worden. In diesem Fall standen bisher nur die analytischen Gleichungen zur Verfügung [15].

5.3.1 Belastung durch Vorspannung

Bild 42 zeigt den Einfluß des relativen Haftmaßes auf die Beanspruchung eines Preßverbandes ohne Innendruckbelastung am Beispiel der einfach armierten Matrize aus Si_3N_4. Im oberen Teil des Bildes ist der Verlauf der Normalspannungen entlang der Innenkontur der Matrize und des Armierungsrings für zwei unterschiedliche relative Haftmaße dargestellt. Für den Armierungsring aus Stahl ist zusätzlich die nach der GEH berechnete Vergleichsspannung eingezeichnet. Diese Hypothese ist nur für plastisch verformbare Werkstoffe geeignet. Da das relative Haftmaß, wie in Abschnitt 5.2.2.1 gezeigt, den Charakter einer Dehnung hat, ist die Tangentialspannung am Innenrand der Matrize linear von diesem abhängig (s. Bild 42 links unten). Die Axial- und die Radialspannung bleiben dagegen vom Vorspannungszustand unbeeinflußt. Am Innenrand des Armierungsrings nehmen die radiale Druck- und die tangentiale Zugspannung sowie die Vergleichsspannung wegen des zugrunde gelegten linear-elastischen Werkstoffverhaltens mit ansteigendem relativen Haftmaß linear zu (s. Bild 42 rechts unten). Die Axialspannung am Innenrand des Armierungsrings ist wegen der angenommenen Reibungsfreiheit in der Fuge vom relativen Haftmaß unabhängig und näherungsweise gleich Null.

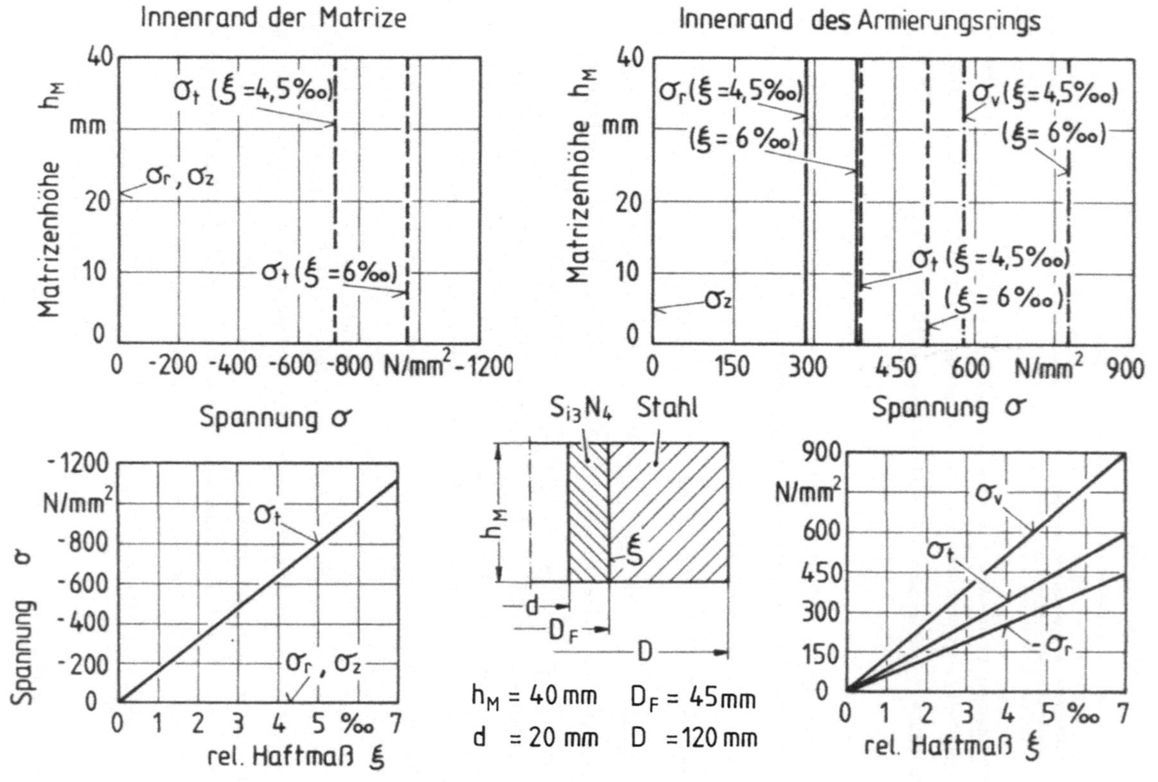

Bild 42: Spannungen entlang der Innenkontur von der Matrize und des Armierungsrings eines Preßverbandes ohne Innendruckbelastung für variiertes Haftmaß in der Fuge.

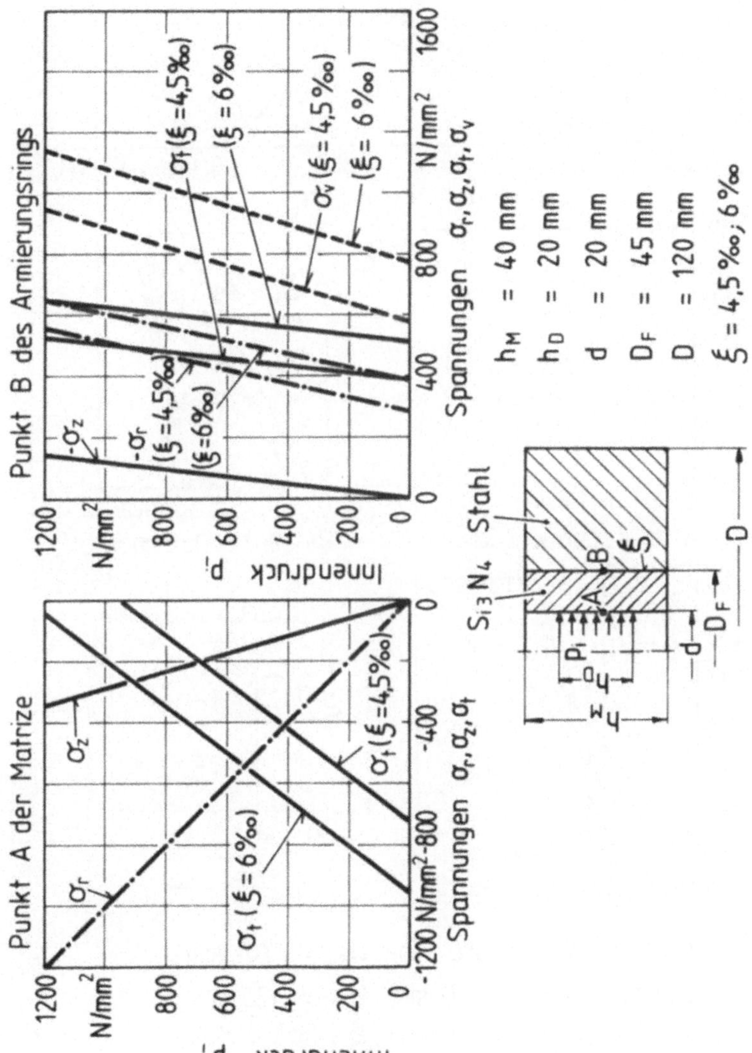

Bild 43: Beanspruchung eines einfachen Preßverbandes in Abhängigkeit von der aufgebrachten Belastung.

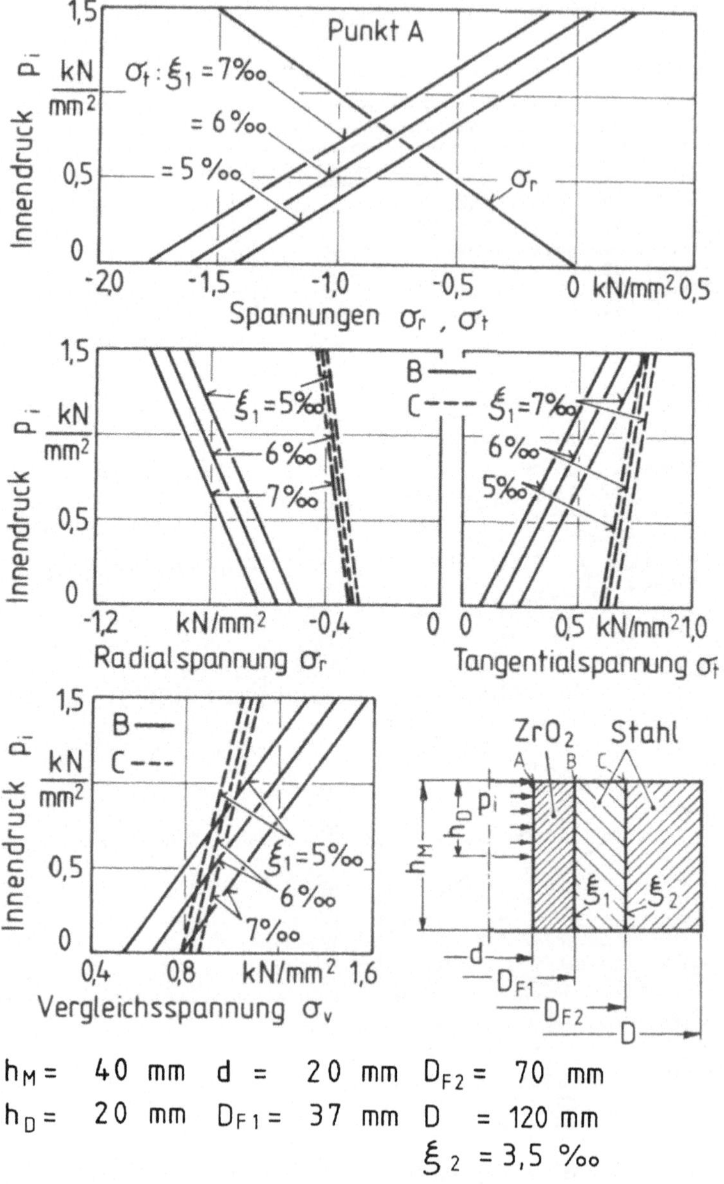

$h_M = 40$ mm $d = 20$ mm $D_{F2} = 70$ mm

$h_D = 20$ mm $D_{F1} = 37$ mm $D = 120$ mm

$\xi_2 = 3,5‰$

Bild 44: Spannungswerte an den Punkten A, B und C in Abhängigkeit vom Innendruck und vom relativen Haftmaß in der inneren Fuge.

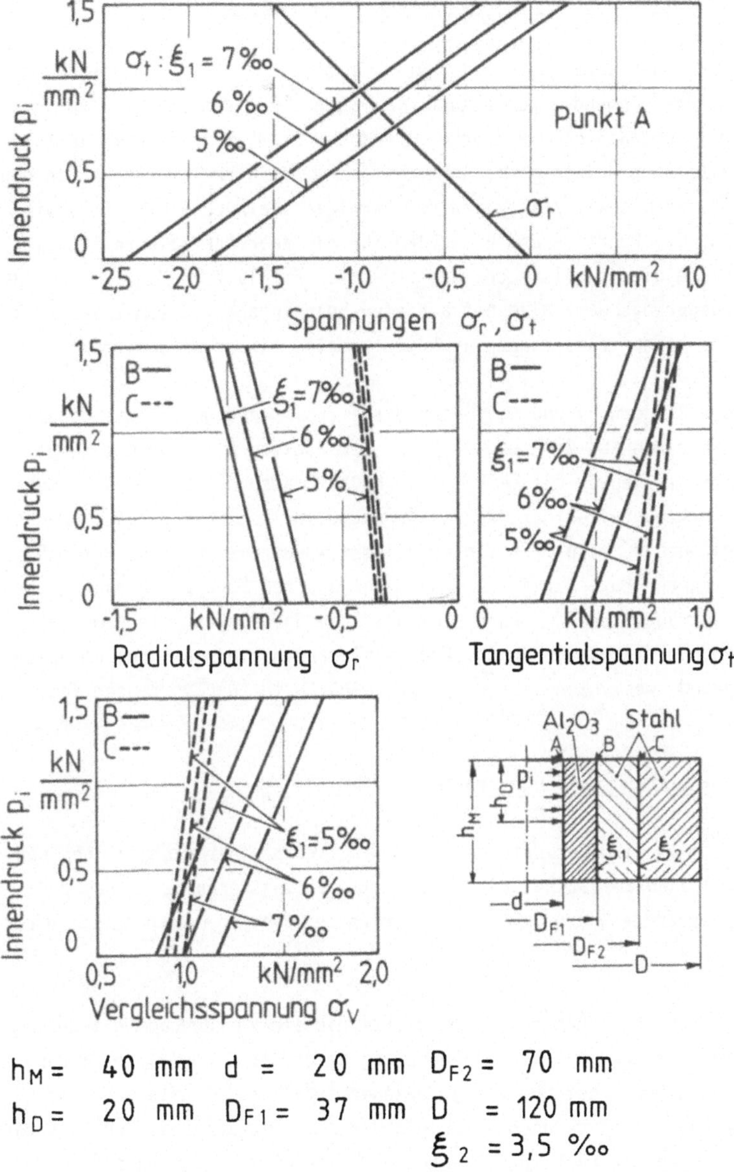

$h_M =$ 40 mm $d =$ 20 mm $D_{F2} =$ 70 mm

$h_D =$ 20 mm $D_{F1} =$ 37 mm $D =$ 120 mm

$\xi_2 = 3,5 ‰$

Bild 45: Spannungswerte an den Punkten A, B und C in Abhängigkeit vom Innendruck und vom relativen Haftmaß in der inneren Fuge.

5.3.2 Belastung durch Vorspannung und Innendruck

Im folgenden wird zum Einfluß der Vorspannung zusätzlich derjenige einer konstanten Innendruckbelastung untersucht. Für den schon im vorigen Abschnitt betrachteten Preßverband mit der Si_3N_4-Matrize wird in Bild 43 der Zusammenhang zwischen dem Innendruck und den Normalspannungen in den Punkten A und B sowie zusätzlich der Vergleichsspannung in Punkt B wiedergegeben. Die Punkte A und B stellen für die zugrunde gelegte mittige Druckraumlage die jeweils höchstbeanspruchten Stellen der Matrize bzw. des Armierungsrings dar. Alle betrachteten Spannungen sind vom Innendruck infolge des linear-elastischen Werkstoffmodells linear abhängig.

In den Bildern 44 und 45 werden diese Zusammenhänge für die doppelt armierten Matrizen aus ZrO_2 und Al_2O_3 in den Punkten A, B und C gezeigt. Diese Punkte stellen in diesem Fall die höchstbeanspruchten Stellen jedes einzelnen Werkzeugteiles dar, da die Innendruckbelastung hier bis zum oberen Matrizenrand reicht. In diesen Bildern wurde das relative Haftmaß ξ_1 in der inneren Fuge variiert; das in der äußeren Fuge blieb dagegen konstant und beträgt 3,5 $^\circ/_{\circ\circ}$. Auch hier sind die Spannungen, wie erwartet, vom Innendruck linear abhängig. Die Axialspannung verschwindet am oberen Werkzeugrand, weil hier in z-Richtung keine Abstützung vorhanden ist.

5.4 Last-Aufweitungsverhalten

In Bild 46 wird der unterschiedliche Einfluß einer mechanischen und einer thermischen Belastung auf das Last-Aufweitungsverhalten eines dreiteiligen Preßverbandes mit einer Al_2O_3-Matrize gezeigt. Die Matrize ist nicht vorgespannt.

Die durch den Innendruck verursachte radiale Werkzeugaufweitung ist am oberen Rand der Matrizeninnenbohrung am größten, wobei die Wirkung der begrenzten Druckraumhöhe gut zu ersehen ist. Die Stirnflächen sind nicht mehr eben, sondern nach außen hin geneigt. Die mechanischen Verschiebungen zeigen den Einfluß der Lage des Druckraums, der sich bis zum oberen Matrizenrand hin erstreckt. In diesem Fall tritt am oberen Werkzeugrand keine Stützwirkung auf.

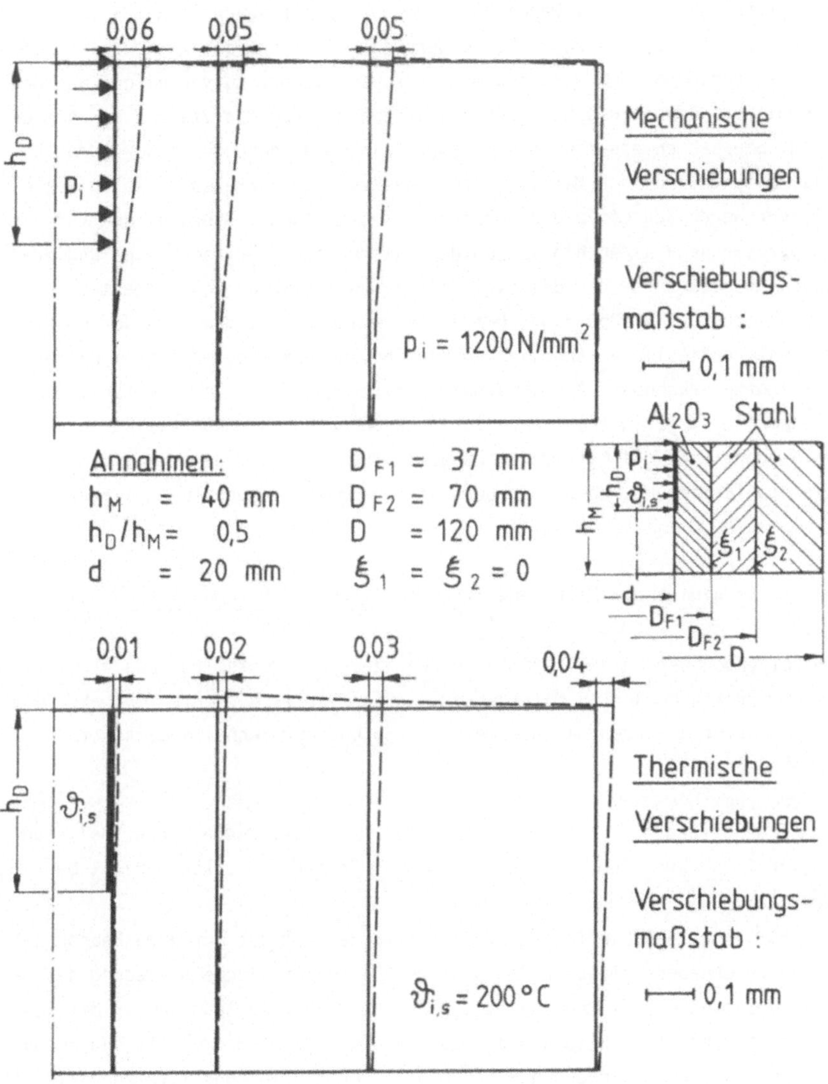

Bild 46: Aufweitungsverhalten bei reiner Innendruckbelastung (oben)
und ausschließlich stationärer Temperatureinwirkung (unten).

Die dargestellten thermischen Verschiebungen werden durch eine stationäre Temperaturverteilung im Werkzeug aufgrund der vorgegebenen Matrizeninnenwandtemperatur $\vartheta_{i,s}$ = 200°C hervorgerufen. Die thermischen Verschiebungen sind abhängig von der Werkzeuggeometrie, der Temperaturverteilung und den thermischen Längenausdehnungskoeffizienten von der Matrize und der Armierung. Sie nehmen einerseits nach außen hin wegen des größer werdenden Radialabstandes von der Matrizenlängsachse zu und andererseits wegen der kleiner werdenden Differenz zwischen der örtlichen Temperatur und der Raumtemperatur nach außen hin ab. Beide Auswirkungen überlagern sich und ergeben insgesamt für das Beispiel nach außen hin anwachsende thermische Verschiebungen. Am Übergang: Matrize / Armierung ist deutlich der Einfluß der unterschiedlichen thermischen Längenausdehnungskoeffizienten beider Werkstoffe erkennbar. Aluminiumoxid besitzt gegenüber der Stahlarmierung einen um 27 % geringeren thermischen Längenausdehnungskoeffizienten. Deshalb dehnt sich die Matrize in Längsrichtung nicht in demselben Maße wie die Stahlarmierung, obwohl in der Matrize höhere Temperaturen auftreten.

5.5 Vergleich der Matrizenwerkstoffe: Keramik, Hartmetall und Stahl

Im folgenden werden die keramischen Werkzeugwerkstoffe ZrO_2 und Al_2O_3 mit in der Praxis bewährten Matrizenwerkstoffen verglichen. Als Vertreter dieser Werkstoffe wurden das Hartmetall G 55 und der Schnellarbeitsstahl S 6-5-2 gewählt.

Zunächst werden die Spannungen im Werkzeug infolge mechanischer Belastung und instationärer Temperatureinwirkung am Ende der Druckberührzeit betrachtet.

Bild 47 zeigt den Einfluß des Werkstoffes der Matrize auf ihre Beanspruchung unter sonst gleichen Bedingungen. Die einheitliche Auslegung der Matrizen ist nach [15] so gewählt, daß bei Betriebsbelastung in der Matrize keine tangentialen Zugspannungen auftreten, was für Hartmetall und besonders für Keramik zwingend notwendig ist. Der Einfluß des Matrizenwerkstoffes auf die Spannungen in der Matrize ist besonders deutlich am Tangentialspannungsverlauf erkennbar. Die auftretenden Spannungsgradienten in der Werkzeugoberfläche, die im wesentlichen von der instationären Temperatureinwirkung geprägt werden, nehmen mit wachsender Temperaturleitfähigkeit $a = \lambda/(c \cdot \varrho)$ des Matrizenwerkstoffes ab (s. Tabelle 1). Eine hohe Tempera-

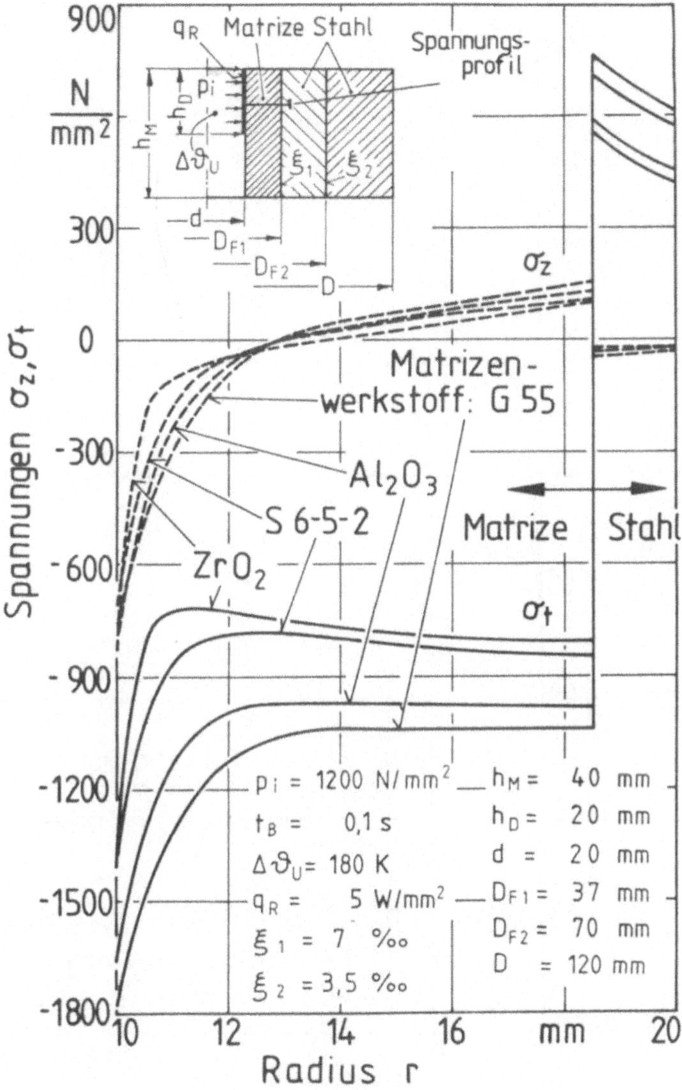

Bild 47: Einfluß des Matrizenwerkstoffes auf den Spannungsverlauf im Radialschnitt durch die Druckraummitte infolge mechanischer Belastung und instationärer Temperatureinwirkung am Ende der Druckberührzeit.

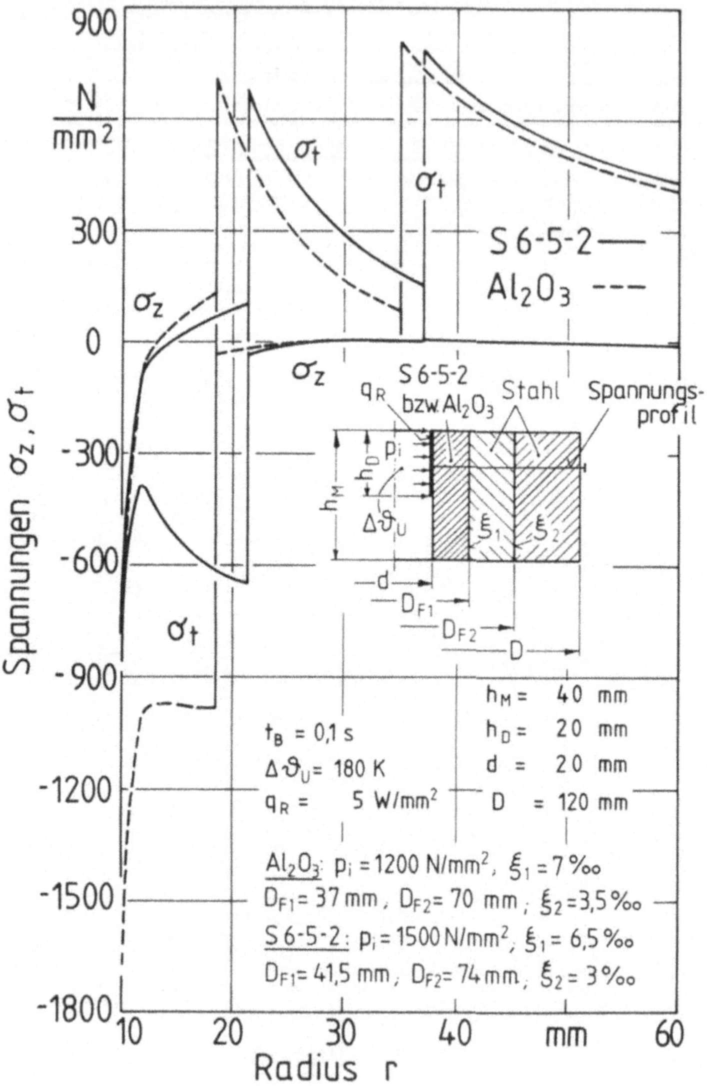

Bild 48: Spannungsverlauf im Radialschnitt durch die Druckraummitte
infolge mechanischer Belastung und instationärer Temperatureinwirkung am Ende der Druckberührzeit bei werkstoffgerechter Auslegung des Preßverbandes.

turleitfähigkeit bedeutet, daß sich die vorhandenen Temperaturunterschiede im Werkzeug rasch ausgleichen. Mit zunehmender Temperaturleitfähigkeit treten deshalb im Werkzeug geringere Wärmespannungen auf. Die Beträge der Spannungen nehmen von ZrO_2 bis G 55 entsprechend dem ansteigenden Wert des Elastizitätsmoduls zu. In dieser Darstellung wird nicht berücksichtigt, daß Stahlmatrizen Zugspannungen aufnehmen können. Anhand des Bildes 48 wird daher zusätzlich zur Auswirkung des Matrizenwerkstoffes diejenige der werkstoffgerechten Auslegung des Preßverbandes auf die Werkzeugbeanspruchung untersucht. Für Al_2O_3 wurde die bisherige Auslegung ohne Zulassung tangentialer Zugspannungen in der Matrize beibehalten; dagegen lag der Berechnung für den Schnellarbeitsstahl S 6-5-2 eine entsprechend [15] gewählte Auslegung mit Zulassung tangentialer Zugspannungen zugrunde. Im Vergleich zu Al_2O_3 ist für S 6-5-2 bei gleicher Beanspruchung der Armierung ein höherer Innendruck zulässig. Der Grund dafür liegt in dem geringeren Elastizitätsmodul und in der Tatsache, daß wegen der erlaubten tangentialen Zugspannungen eine niedrigere Vorspannung ausreichend ist.

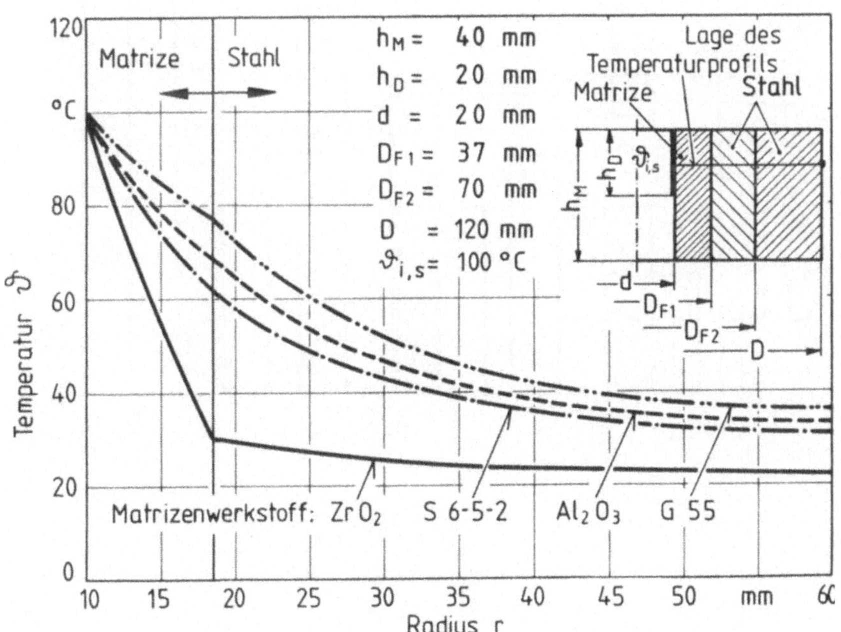

Bild 49: Einfluß des Matrizenwerkstoffes auf das Temperaturprofil bei stationärer Temperatureinwirkung.

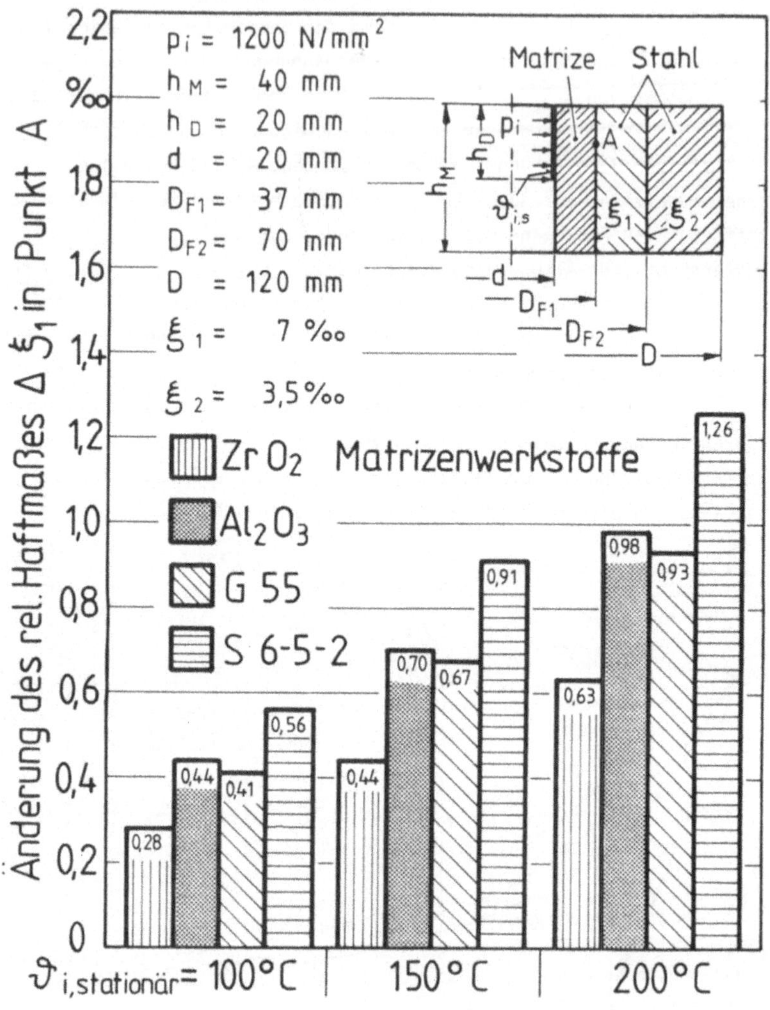

Bild 50: Einfluß einer stationären Temperatureinwirkung auf das relative
Haftmaß in Punkt A der inneren Fuge in Abhängigkeit des Matrizenwerkstoffes.

Bild 49 informiert über den stationären Temperaturverlauf im Preßverband, der für die temperaturbedingte Erhöhung der Vorspannung entscheidend ist, für die zu vergleichenden Matrizenwerkstoffe bei den gleichen Randbedingungen. Das Temperaturgefälle im Werkzeug ist gemäß Gl.(3) umgekehrt proportional zur Wärmeleitfähigkeit und nimmt deshalb von ZrO_2 bis G 55 entsprechend dem ansteigenden Wert der Wärmeleitfähigkeit ab.

Der Temperatureinfluß auf das relative Haftmaß ξ_1 in Punkt A des Preßverbandes in Abhängigkeit des Matrizenwerkstoffes geht aus Bild 50 hervor. Der Preßverband wird durch den Innendruck p_i und die stationäre Matrizeninnenwandtemperatur $\vartheta_{i,s}$ belastet. Für alle untersuchten Matrizenwerkstoffe erhöht sich die Vorspannung im betriebswarmen Zustand des Werkzeugs. Der Betrag der Zunahme des relativen Haftmaßes ist in erster Linie von der Differenz der thermischen Längenausdehnungskoeffizienten von Matrize und Armierung abhängig; demgegenüber übt die Wärmeleitfähigkeit des Matrizenwerkstoffes einen schwächeren Einfluß aus. Die größte Vorspannungserhöhung tritt bei S 6-5-2 auf, da in diesem Fall die thermischen Längenausdehnungskoeffizienten von Matrize und Armierung übereinstimmen (s. Tabelle 1).

Bei G 55 ist die Vorspannungserhöhung wegen des um fast 40% kleineren thermischen Längenausdehnungskoeffizienten im Vergleich zu dem der Stahlarmierung verhältnismäßig gering. Es zeigt sich jedoch auch hier, wie schon in Abschnitt 5.2.2.1 erwähnt, daß ein ausreichendes Temperaturgefälle im Werkzeug auch dann die Vorspannung erhöht, wenn die Differenz der thermischen Längenausdehnungskoeffizienten von Matrize und Armierung relativ groß ist. Die Zunahme des relativen Haftmaßes ist bei ZrO_2 am geringsten, obwohl sich die thermischen Längenausdehnungskoeffizienten von Matrize und Armierung nur wenig unterscheiden. Die Ursache hierfür ist die niedrige Wärmeleitfähigkeit von ZrO_2 und die dadurch bedingte geringe Aufheizung der Matrize (s. Bild 49).

5.6 Zur Übertragbarkeit der Rechenergebnisse

Die ermittelten Spannungs- und Temperaturverläufe beziehen sich auf bestimmte Preßverbände mit festgelegten Abmessungen und Randbedingungen. Voraussetzung für die Übertragbarkeit der Rechenergebnisse auf Preßverbände mit anderen Abmessungen ist die Erfüllung der geometrischen Ähnlichkeit, d.h. bei Vergrößerung des Matrizeninnendurchmessers ändern sich die anderen Werkzeugabmessungen im gleichen Maßstab.

Mechanische Belastung bei Raumtemperatur

Geometrisch ähnliche Preßverbände werden bei gleicher Innendruckbelastung
und gleicher Werkzeugvorspannung gleich hoch beansprucht, da die Spannungen in dickwandigen Rohren unter Voraussetzung eines linear-elastischen
Werkstoffverhaltens nicht von deren absoluter Größe abhängen, sondern nur
vom Radienverhältnis r_a/r_i [*]. Um allerdings die Beanspruchung von Preßverbänden mit beliebigen Abmessungen und Belastungen angeben zu können, ist
die Erstellung von Nomogrammen mit Hilfe einer Vielzahl einzelner FE-Berechnungen notwendig.

Mechanische Belastung und Temperatureinwirkung

Die Fourier-Gleichung (7) für die instationäre Wärmeleitung lautet in
dimensionsloser Form [74]:

$$\frac{\partial^2 \theta}{\partial \xi^2} + \frac{\partial^2 \theta}{\partial \eta^2} + \frac{\partial^2 \theta}{\partial \varsigma^2} = \frac{\partial \theta}{\partial F_0} \, . \tag{46}$$

Hierin bedeuten

$$\xi = \frac{x}{l} \, , \quad \eta = \frac{y}{l} \, , \quad \varsigma = \frac{z}{l} \quad = \quad \text{dimensionslose Koordinaten}$$

l $\quad$ = charakteristische Länge (z.B. Werkzeuginnendurchmesser)

$$\theta = \frac{\vartheta}{\vartheta_c} = \text{dimensionslose Temperatur}$$

ϑ_c = charakteristische konstante Temperatur (z.B. Anfangstemperatur)

$$F_0 = \frac{\lambda}{c\,\rho} \cdot \frac{t}{l^2} = \frac{a\,t}{l^2} = \text{Fourier-Zahl} \, .$$

---

[*] Spannungen im dickwandigen Rohr unter Innendruck

$$\sigma_r = -p_i \frac{1}{\left(\frac{r_a}{r_i}\right)^2 - 1} \cdot \left(\frac{r_a^2}{r^2} - 1\right) \, ; \quad \sigma_t = p_i \frac{1}{\left(\frac{r_a}{r_i}\right)^2 - 1} \cdot \left(\frac{r_a^2}{r^2} + 1\right)$$

Für den Wärmeaustausch an der Werkzeugoberfläche gilt:

$$-\sqrt{\left(\frac{\partial\theta}{\partial\xi}\right)^2+\left(\frac{\partial\theta}{\partial\eta}\right)^2+\left(\frac{\partial\theta}{\partial\zeta}\right)^2} = Nu\cdot\theta \quad , \qquad (47)$$

wenn die Umgebungstemperatur $\vartheta_\infty = 0$ gesetzt wird.

Hierin stellt $Nu = \frac{\alpha l}{\lambda}$ die Nußelt-Zahl und α den Wärmeübergangskoeffizienten dar.

Die Lösung von (46) und (47) für das instationäre Temperaturfeld hat die Form:

$$\theta = f\left(\xi, \eta, \zeta, Fo, Nu\right). \qquad (48)$$

Aus Gl. (48) folgt, daß sich in zwei Preßverbänden bei geometrischer Ähnlichkeit und Gleichheit der Fourier-Zahlen und der Nußelt-Zahlen ähnliche Temperaturfelder einstellen. Voraussetzung hierfür ist, daß die dimensionslosen Anfangs- und Randbedingungen zur Zeit t = 0 übereinstimmen. Aus der Gleichheit der Fourier-Zahlen ergibt sich, daß z.B. bei Verdoppelung aller Werkzeugabmessungen die vierfache Zeit erforderlich ist bis sich in dem größeren Preßverband eine Temperaturverteilung eingestellt hat, die derjenigen des kleineren Preßverbandes ähnlich ist. Ein bekanntes Temperaturfeld in einem Preßverband läßt sich somit bei Erfüllung der genannten Bedingungen auf einen anderen Preßverband übertragen. Die Übertragung der berechneten Temperaturwerte verursacht allerdings einen geringen Fehler, da es nicht möglich ist, die sich aus der für beide Preßverbände geforderten Gleichheit der Nußelt-Zahlen resultierende Änderung des Wärmeübergangskoeffizienten zu berücksichtigen. Wie für stationäre Temperatureinwirkung durchgeführte FE-Berechnungen gezeigt haben, beträgt der Fehler bei Vergrößerung der Werkzeugabmessungen um 50 % maximal 0,5 % und kann deshalb vernachlässigt werden. Der Matrizeninnendurchmesser wurde dabei von 20 auf 30 mm erhöht; die stationäre Matrizeninnenwandtemperatur betrug in beiden Fällen 200°C.

Die thermische und geometrische Ähnlichkeit führt auch zu ähnlichen Wärmespannungen, da diese von der Temperaturverteilung, den Bauteilabmessungen und den Werkstoffkennwerten abhängen.

Die durch den Fließpreßvorgang verursachte Temperatureinwirkung auf das Werkzeug führt zu einer starken Werkzeugbeanspruchung. Die thermischen Druckspannungen vermindern jedoch die hohen mechanischen Zugspannungen am Übergang von belasteter zu unbelasteter Matrizeninnenwandfläche. Wegen der hohen Zugspannungsempfindlichkeit der keramischen Werkzeugwerkstoffe ist trotzdem eine axiale Vorspannung der Matrize erforderlich.

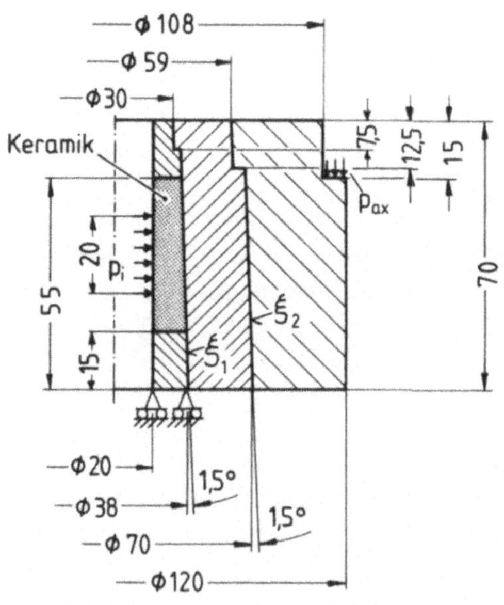

Innendruck : $p_i = 1200 \ N/mm^2$

axiale Vorspannung : $p_{ax} = 100 \ N/mm^2$

                          $p_{ax} = \ 0{,}01 \ N/mm^2$

relative Haftmaße :

	ξ_1	ξ_2
ZrO_2	7‰	3,5‰
Al_2O_3	5‰	3,5‰

Bild 51: Rechenmodell für einen Preßverband mit axialer Vorspannung.

Im folgenden wird der Einfluß einer axialen Vorspannung auf die rein mechanische Beanspruchung des Werkzeugs diskutiert. Die Grundlage für die Berechnungen ist das in Bild 51 gezeigte Rechenmodell. Dieses Rechenmodell
entspricht in seinem grundsätzlichen Aufbau dem konstruierten Versuchswerkzeug (vergl. Abschn. 7.1.1). Seine Abmessungen und die Größe der radialen Werkzeugvorspannung stimmen mit denen des Versuchswerkzeugs überein.
Zur Übertragung der axialen Vorspannkraft sind die Armierungsringe mit einem Bund versehen. Zur Idealisierung des Werkzeugs wurden 951 Elemente mit
1957 Knotenpunkten verwendet. Um den Keramikeinsatz axial wirkungsvoll vor-
zuspannen, steht die dreiteilige Preßbüchse, die aus einem Keramikeinsatz
und zwei Stahleinsätzen besteht, am unteren Rand des Versuchswerkzeugs
0,3 mm über. In der Berechnung wurde dies dadurch simuliert, daß nur
die Preßbüchse gelagert wurde. In diesem Fall wird die am äußeren Armierungsring aufgebrachte Axialkraft über die beiden Armierungsringe auf die
Preßbüchse übertragen und stützt sich an deren unteren Begrenzung ab. Die
Berechnungen wurden für zwei verschieden hohe Axialdrücke durchgeführt, da
wegen der angenommenen Reibungsfreiheit in den Fugen immer ein geringer
Axialdruck aufgebracht werden muß. Dieser geringe Axialdruck wirkt sich
auf das Ergebnis nicht aus. Andernfalls schiebt die radiale Vorspannkraft
die Armierungsringe nach oben. Die Berücksichtigung der Reibung würde demgegenüber einen sehr hohen Rechenaufwand erfordern.
Der rein mechanische Axial- und Tangentialspannungsverlauf entlang der
Werkzeuginnenkontur ist in Bild 52 für ZrO_2 und in Bild 53 für Al_2O_3 aufgetragen.
Der Verlauf der Axialspannung ist für p_{ax} = 100 N/mm² gegenüber demjenigen
für p_{ax} = 0,01 N/mm² mit Ausnahme des Bereichs des oberen Stahleinsatzes
parallel ins Druckgebiet verschoben. Die kritischen Zugspannungsspitzen an
den Druckraumgrenzen werden dadurch stark abgebaut. Im Bereich des oberen
Stahleinsatzes weist der Axialspannungsverlauf eine Unstetigkeit auf. Diese
ist auf die sprunghafte Wanddickenänderung des Stahleinsatzes zurückzuführen.
Der Tangentialspannungsverlauf wird unterhalb des oberen Stahleinsatzes
durch die axiale Vorspannung ebenfalls ins Druckgebiet verschoben. Die aufgebrachte Axialkraft ruft aufgrund der geneigten Fügeflächen in diesem Bereich eine Erhöhung der Vorspannung hervor, was auch anhand von Bild 54 zu
erkennen ist. Dagegen tritt im unteren Teil des oberen Stahleinsatzes eine
höhere und im oberen Teil eine deutlich geringere tangentiale Druckspannung auf. Der Grund hierfür ist: Die vom inneren Armierungsring übertrage-
ne Axialkraft versucht wegen ihres exzentrischen Angriffspunktes den Stahl-

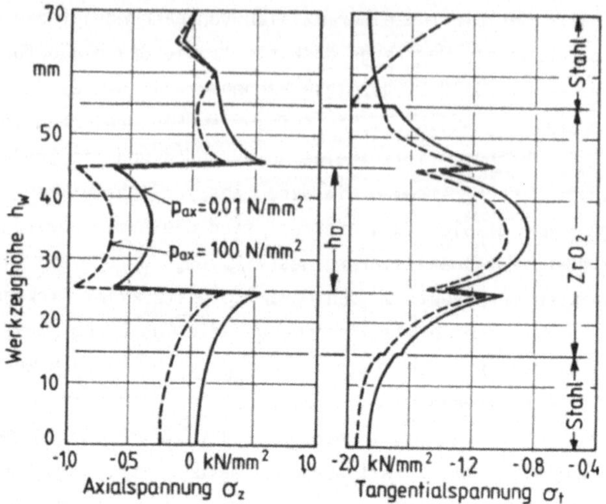

Bild 52: Einfluß einer axialen Vorspannung auf den rein mechanischen Spannungsverlauf entlang der Werkzeuginnenkontur (Werkstoff des Keramikeinsatzes: ZrO_2).

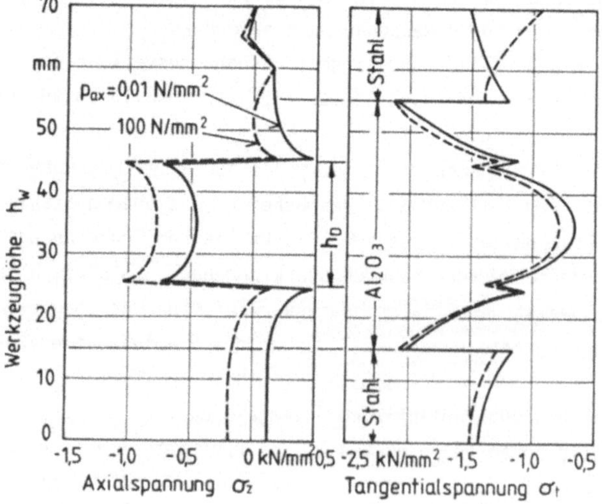

Bild 53: Einfluß einer axialen Vorspannung auf den rein mechanischen Spannungsverlauf entlang der Werkzeuginnenkontur (Werkstoff des Keramikeinsatzes: Al_2O_3).

einsatz zu kippen. Im unteren Teil verkleinert sich der Matrizeninnendurchmesser, und im oberen Teil vergrößert er sich. Die sprunghaften Änderungen
der Tangentialspannung an den Enden des Keramikeinsatzes werden durch die
unterschiedlichen Elastizitätsmoduln verursacht. Ein kleiner Elastizitätsmodul ruft geringe Tangentialspannungen hervor. Der Elastizitätsmodul von
ZrO_2 ist geringfügig kleiner als derjenige von Stahl. Dagegen ist der Elastizitätsmodul von Al_2O_3 fast doppelt so groß wie derjenige von Stahl.

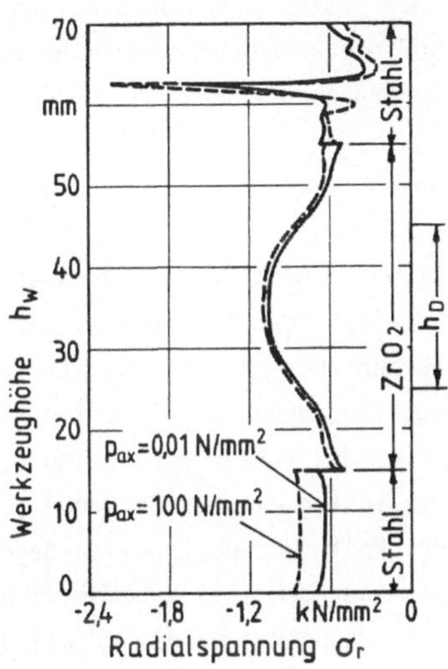

Bild 54: Mechanischer Radialspannungsverlauf in der Fuge:
Preßbüchse (dreiteilig) / 1. Armierungsring für den Preßverband
in Bild 51 (Werkstoff des Keramikeinsatzes: ZrO_2).

Bild 54 zeigt den Radialspannungsverlauf in der Fuge: Preßbüchse / 1. Armierungsring am Beispiel des Preßverbandes mit dem ZrO_2-Einsatz. Wie bei
den Spannungsverläufen entlang der Werkzeuginnenkontur treten auch hier an
den Enden des ZrO_2-Einsatzes sowie an der Stelle der sprunghaften Wanddickenänderung die bekannten Unstetigkeitsstellen auf. Der Spannungsverlauf
ist für p_{ax} = 100 N/mm² gegenüber demjenigen für p_{ax} = 0,01 N/mm² mit Ausnahme des Bereichs des oberen Stahleinsatzes ins Druckgebiet verschoben,
d.h. es bestätigt sich die schon in den Bildern 52 und 53 festgestellte
Erhöhung der Vorspannung. Im Bereich des oberen Stahleinsatzes ist dagegen
mit Ausnahme der Unstetigkeitsstelle eine geringere Radialspannung vorhanden.

7   Experimentelle Überprüfung der Einsatzfähigkeit berechneter
      Keramikmatrizen

7.1   Axial vorgespannte Keramikmatrizen

Um die Einsatzfähigkeit von Keramikmatrizen für das NRFP experimentell zu
prüfen, dienten Versuche in je einer radial und axial vorgespannten Matrize
aus ZrO_2 und Al_2O_3. Wegen der großen Zahl von Einflußgrößen (z.B. Schmierstoff, Maschinenhubzahl) auf die Werkzeugbeanspruchung, handelt es sich
dabei aber nur um eine Stichprobenuntersuchung.

7.1.1   Werkzeugkonstruktion

Bild 55 zeigt das Konstruktionsprinzip der Versuchswerkzeuge. Der Preßverband setzt sich aus einer dreiteiligen Preßbüchse, die aus einem Keramikeinsatz und zwei Stahleinsätzen besteht, und zwei Armierungsringen zusammen. Die einzelnen Werkzeugteile, deren kegelförmige Fügeflächen einen
Neigungswinkel von 1,5° aufweisen, wurden durch Einpressen gefügt. Der
Al_2O_3-Einsatz mußte sehr vorsichtig eingepreßt werden, da dieser Werkstoff
wegen seiner extremen Sprödigkeit sehr empfindlich gegenüber Zug-, Biege-
oder Schubbeanspruchung ist. Außerdem ist zu berücksichtigen, daß der Elastizitätsmodul von Al_2O_3 fast doppelt so groß ist wie derjenige von Stahl.
Die weichere Stahlarmierung wird deshalb im Bereich des Al_2O_3-Einsatzes
örtlich stärker aufgeweitet, was den Einpreßvorgang erschwert. Um zu erreichen, daß die Einpreßkraft an der gesamten Stirnfläche des Al_2O_3-Ein-
satzes angreift, wurden die beiden Matrizeneinsätze aus Stahl und derjenige aus Al_2O_3 gemeinsam mit demselben Übermaß eingepreßt. Die Einpreßkraft
ruft sonst in dem Al_2O_3-Einsatz eine Schubbeanspruchung hervor. Der Einpreßvorgang kann durch Erwärmung aller Fügeteile auf 200°C erleichtert
werden, weil die keramischen Werkzeugwerkstoffe im Vergleich zu Stahlwerkstoffen einen geringeren thermischen Längenausdehnungskoeffizienten besitzen. Im Fall des ZrO_2-Einsatzes wurden die beiden Matrizeneinsätze aus
Stahl ohne Übermaß hergestellt.
Die Armierung muß so hoch ausgeführt sein, daß der Keramikeinsatz von Beginn des Einpreßvorgangs an über der gesamten Höhe unter radialer Spannung
steht, wodurch eine Schubbeanspruchung verhindert wird [75]. Um die Wirksamkeit der axialen Vorspannung zu erhöhen, besteht bei Stahlmatrizen die
Möglichkeit, die Matrize querzuteilen (s. Bild 56). Diese Querteilung ist

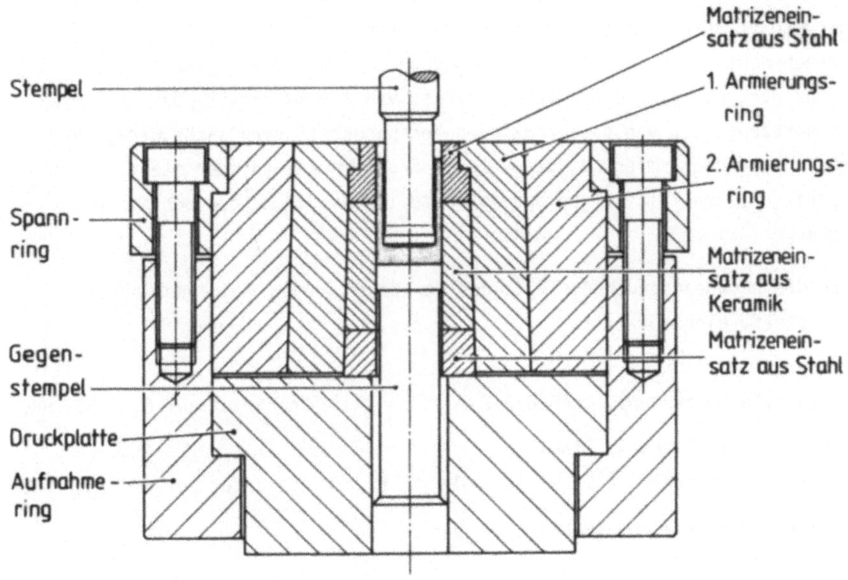

Bild 55: Versuchswerkzeug.

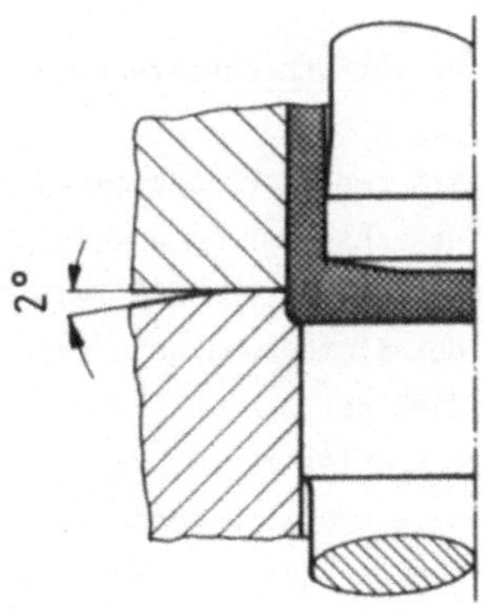

Bild 56: Querteilung der Matrize zur Erhöhung der axialen Vorspannung.

für keramische Werkzeugwerkstoffe nicht geeignet, da sie Schubspannungen
hervorruft. Die axiale Vorspannung der Matrize wird durch 12 Schrauben
aufgebracht. Diese wurden mit einem Drehmomentschlüssel jeweils mit 50 Nm
angezogen, was eine Gesamtvorspannkraft von 300 kN ergibt. Der Kraftfluß
im Werkzeug, der von dieser axialen Vorspannkraft verursacht wird, ver-
läuft über die Armierung, den unteren Stahleinsatz (dieser steht 0,3 mm
über), die Druckplatte und den Aufnahmering wieder zu den Schrauben zu-
rück.

Für die hochbeanspruchten Teile des Werkzeugs wurden folgende Werkzeugwerkstoffe eingesetzt:

- Stempel
  Schnellarbeitsstahl   S 6-5-2   gehärtet auf 61 - 63 HRC

- Matrizeneinsätze aus Stahl
  Kaltarbeitsstahl   X 155 CrVMo 12 1   gehärtet auf 58 - 60 HRC

- Matrizeneinsatz aus Keramik
  ZrO_2 oder Al_2O_3

- 1. Armierungsring
  Warmarbeitsstahl   X 40 CrMoV 5 1   gehärtet auf 52 - 54 HRC

- 2. Armierungsring
  Warmarbeitsstahl   X 40 CrMoV 5 1   gehärtet auf 48 - 50 HRC

7.1.2 Versuchseinrichtungen und Versuchsdurchführung

In beiden Matrizen wurden jeweils zwei Versuchsreihen durchgeführt, da
das ursprünglich vorgesehene Versuchsprogramm erweitert wurde. In der
ersten Versuchsreihe wurden in jeder Matrize 200 Teile hergestellt. Dabei
wurden die Fließpreßkraft und der Stempelweg gemessen sowie verschiedene
Schmierungsarten geprüft. Das Ziel der zweiten Versuchsreihe war., das
Werkzeugverhalten bei hohen Stückzahlen zu untersuchen. Da bei diesen Versuchen die Hubzahl (5 Teile/min) wesentlich höher war, stand zur Ableitung
der Umform- und Reibungswärme weniger Zeit zur Verfügung. Dies führte zu
einer stärkeren Erwärmung und somit zu einer größeren thermischen Belastung des Werkzeugs. Es wurden die Werkstücktemperatur unmittelbar nach
Entnahme des Napfes aus dem Werkzeug sowie die Temperaturerhöhung des
Werkzeugs gemessen.

<u>Meßeinrichtungen</u>

Die Kraftmessung wurde mit Hilfe eines im Kraftfluß eingebauten und mit
Dehnungsmeßstreifen beklebten Kraftmeßkörpers vorgenommen.
Für die Messung des Stempelweges wurde ein induktiver Wegaufnehmer mit
einem Meßweg von $\pm$ 10 mm (Fabrikat Hottinger, Typ W 10) verwendet. Die
Widerstands- bzw. Induktivitätsänderungen der Meßwertaufnehmer wurden über
Trägerfrequenzmeßverstärker (Fabrikat Hottinger, Typ KWS/II-5) in analoge
Spannungen umgewandelt, verstärkt und einem x-y-Schreiber (Fabrikat
Hewlett Packard, Typ 7004 A) zugeleitet. Dieser zeichnete den Kraft-Weg-
Verlauf auf.
Für die Temperaturmessungen diente ein Berührungsthermometer, das mit einem
Eisen-Konstantan-Thermoelement als Meßfühler ausgestattet war.
Zur meßtechnischen Erfassung der Oberflächenbeschaffenheit der Werkzeuge
und der Werkstücke diente ein Oberflächenmeßgerät vom Typ HOMMEL TESTER
T 20-DC, das nach dem Tastschnittverfahren arbeitet. Bei den Messungen
waren folgende Größen am Meßgerät fest eingestellt:

- Taststrecke $\qquad$ l_t = 4,8 mm
- Tastgeschwindigkeit $\qquad$ v_t = 0,5 mm/s
- Grenzwellenlänge $\qquad$ λ_c = 0,8 mm.

Die Mantelflächen der gepreßten Näpfe wurden in Richtung der Längsachse
an 4 Meßstellen abgetastet. Jeder der Meßwerte für diese 4 Meßstellen
stellt den Mittelwert von 2 über den Umfang verteilten Messungen dar.
Die Näpfe wurden vor der Messung mit Waschbenzin gereinigt.
Die Matrizeninnenbohrung wurde in Richtung der Längsachse an 6 Meßstellen
abgetastet.

<u>Umformmaschinen</u>

Die erste Versuchsreihe wurde auf einer ölhydraulischen Presse (Fabrikat
MÜLLER, Typ ZE 160/200-10) mit 2 MN Nennkraft durchgeführt. Die Stößel-
geschwindigkeit war auf etwa 30 mm/s eingestellt.
Für die zweite Versuchsreihe stand eine Kurbelpresse (Fabrikat KOMATSU-
MAYPRES, Typ MKR 2—200/40) mit einer Nennkraft von 2000 kN und einem
Gesamthub von 400 mm zur Verfügung. Die Stempelauftreffgeschwindigkeit
lag bei 160 mm/s. Die Teile wurden von Hand eingelegt und entnommen.
Die Anzahl der gepreßten Näpfe betrug durchschnittlich 5 Stück/min.

Werkstückwerkstoffe und Rohteilherstellung

Als Werkstückwerkstoff wurde für die erste Versuchsreihe QSt 32-3 und für
die zweite QSt 36-3 gewählt, da von dem erstgenannten Werkstoff nur noch
ein Restbestand vorhanden war. Die Bearbeitungsfolge bei der Rohteilher-
stellung und die Werkstücke sind in Bild 57 dargestellt. Die gedrehten
Rohteile für die erste Versuchsreihe wurden 4 h lang bei 700°C geglüht
und anschließend im Ofen abgekühlt. Um eine Oxidation zu verhindern, waren
die Teile während des Glühens in Holzkohle eingebettet.

In der ersten Versuchsreihe wurden folgende Schmierungsarten angewendet:

1. Mit einer Zink-Phosphatschicht (Phosphavit 923, Zwez Chemie) versehene
   Rohteile wurden anschließend beseift (Bonderlube 236).

2. Der Flüssigschmierstoff Lub Z 25 (Firma Zepf) wurde zusätzlich zu der
   oben genannten Schmierung auf die Mantelfläche der Rohteile aufgetragen. Um das Risiko eines frühzeitigen Ausfalls der Keramikmatrize
   gering zu halten, wurde auf die Phosphat- und Seifenschicht nicht ver-
   zichtet, da über die Druckbeständigkeit dieses Flüssigschmierstoffes
   keine Erfahrungen vorlagen.

3. Der Flüssigschmierstoff THREDKUT 490 (STUART OIL) wurde auf sandge-
   strahlte Rohteile aufgebracht.

Schmierstoffe

Handelsbezeichnung	Wirkstoffe nach Herstellerangaben
Lub Z 25	synthetischer Flüssigschmierstoff mit Chlor- und Phosphorkomponenten
THREDKUT 490	Mineralöl, Chlor, Schwefel und Phosphorkomponenten

Da sich in der ersten Versuchsreihe das Aufbringen von Seife auf phosphatierte Rohteile (ohne Zusatzschmierstoff) als beste Oberflächenbehandlung
erwiesen hat (s. Abschnitt 7.1.3), wurde diese in der zweiten Versuchsreihe angewendet. Die Rohteile für die zweite Versuchsreihe wurden nicht
geglüht, da eine Glühbehandlung für das Fließpressen der verwendeten Werkstoffe nicht unbedingt notwendig ist und wegen der großen Stückzahl sehr

aufwendig gewesen wäre.

1. Versuchsreihe

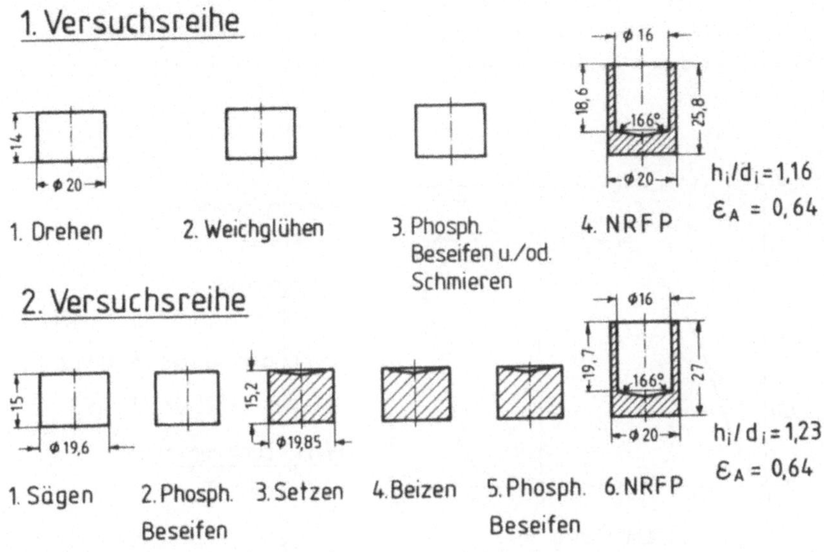

2. Versuchsreihe

Bild 57: Bearbeitungsfolge beim Napf-Rückwärts-Fließpressen.

Für die Werkstückwerkstoffe wurden im Stauchversuch nach Rastegaev [76] folgende Fließkurven ermittelt:

$$QSt\ 32\text{-}3\ (\text{weichgeglüht}): \quad k_f = 640\ N/mm^2 \cdot \varphi^{0,23}$$
$$QSt\ 36\text{-}3 \qquad\qquad\quad : \quad k_f = 640\ N/mm^2 \cdot \varphi^{0,13}$$

7.1.3   Ergebnisse

Kraftbedarf

Für die Auslegung einer Fließpreßmatrize ist die Kenntnis der erforderlichen Stempelkraft notwendig (vgl. Gl. (45)). Bild 58 zeigt den Stempelkraft-Weg-Verlauf, der bei den Versuchen in der Al_2O_3-Matrize gemessen wurde, für die verwendeten Schmierungsarten. Die Stempelkraft steigt zu Beginn des Umformvorgangs schnell auf ihren Maximalwert an und bleibt dann bis zum Ende des Umformvorgangs nahezu konstant. Dabei ist zu beobachten, daß die Höhe der Stempelkraft nur eine geringe Abhängigkeit vom

verwendeten Schmierstoff aufweist. Ein Einfluß des Schmierstoffs auf die
Ausbildung des Kraft-Weg-Verlaufs ist nicht erkennbar. Die tatsächliche
Werkzeugbelastung, gegeben durch die bezogene maximale Stempelkraft und
den maximalen Innendruck, war bei den Versuchen in der Al_2O_3-Matrize im
Vergleich zu denen in der ZrO_2-Matrize geringfügig höher (Bilder 59 und
60).

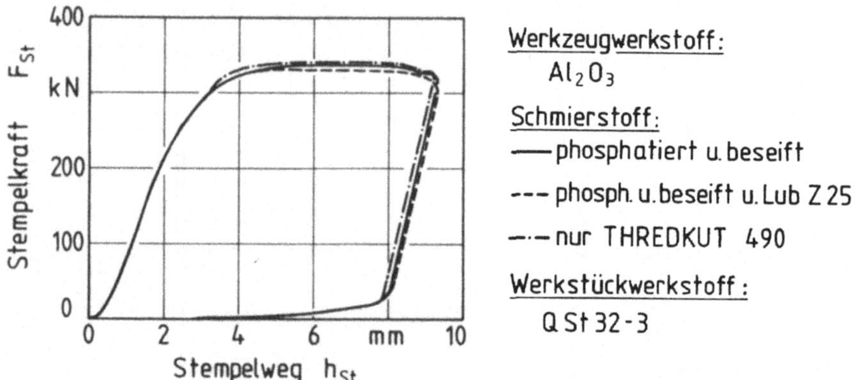

Bild 58: Kraft-Weg-Verläufe bei unterschiedlichen Schmierstoffen.

Umform- und Reibungswärme

Die Temperaturerhöhung des Werkzeugs und der Werkstücke, die durch die
entstehende Umform- und Reibungswärme hervorgerufen wird, wurde bei den
Serienversuchen mehrmals nach einer jeweiligen Mindeststückzahl von 300
gepreßten Näpfen gemessen, s. Bild 61. Die Messung der Werkstücktemperatur erfolgte unmittelbar nach Entnahme des Napfes aus dem Werkzeug. Die
niedrigere Wärmeleitfähigkeit von ZrO_2 im Vergleich zu derjenigen von
Al_2O_3 führt zu einer geringeren Wärmeabfuhr. Deshalb wird das Werkstück
und der Gegenstempel bei den Versuchen in der ZrO_2-Matrize stärker erwärmt als bei denen in der Al_2O_3-Matrize; dagegen tritt an der oberen
Werkzeugkante eine geringere Erwärmung auf.

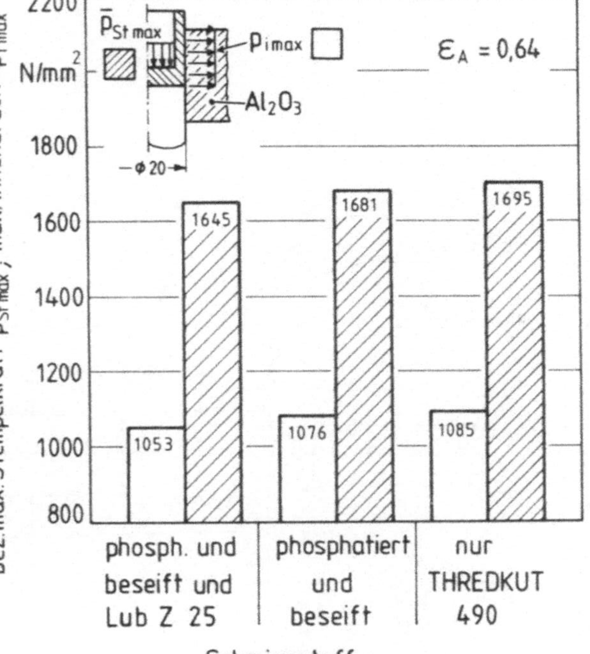

Bild 59: Bezogene maximale Stempelkraft und maximaler Innendruck gem. Gl. (45) bei verschiedenen Schmierstoffen.

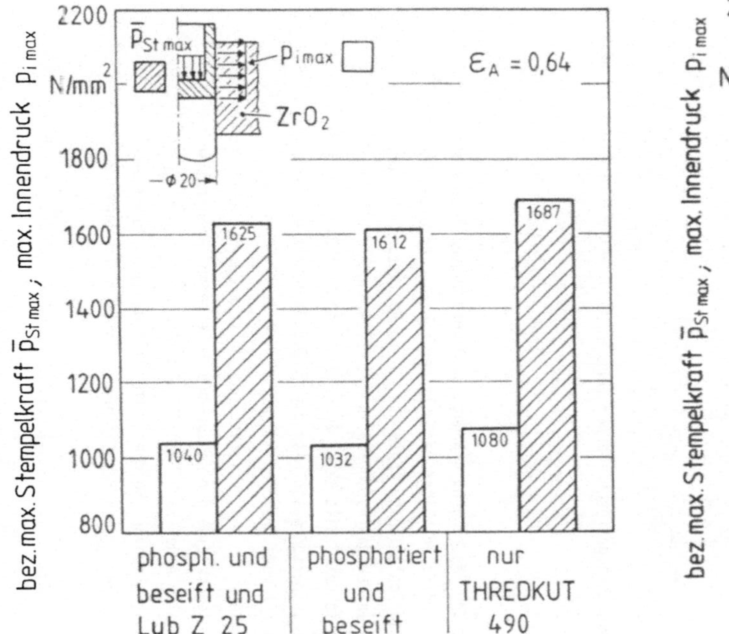

Bild 60: Bezogene maximale Stempelkraft und maximaler Innendruck gem. Gl. (45) bei verschiedenen Schmierstoffen.

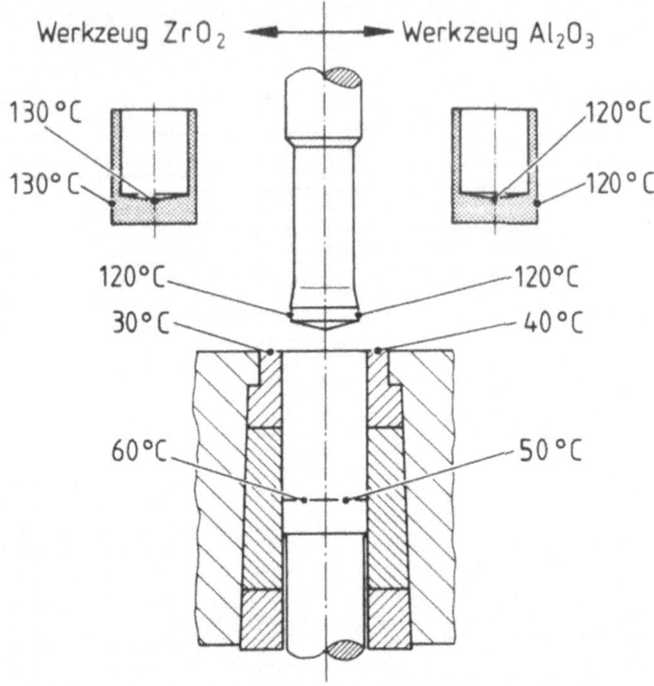

Bild 61: Bei den Versuchen gemessene Temperaturen.

Werkzeug-Verhalten

Die Versuche in der ZrO_2-Matrize wurden nach 4200 gefertigten Teilen ab-
gebrochen, da die Oberflächenschicht der Matrizeninnenwand an einer Stelle
im Bereich der oberen Rohteilkante abplatzte. Diese Abplatzung war daran
erkennbar, daß sich an der Napfaußenwand in Längsrichtung ein blanker
Metallstreifen abzeichnete. Bild 62 a) zeigt die gesamte Abplatzung und
Bild 62 b) einen vergrößerten Ausschnitt davon. Das Abplatzen der Oberflächenschicht kann folgende Ursachen haben: Die von der radialen Werkzeugvorspannung herrührenden tangentialen Druckkräfte rufen in denjenigen
Mikrorißflächen, die durch eine geringe Drehung um eine zur Matrizenlängsachse parallele Achse in einen·Radialschnitt übergehen, nach innen ge-
richtete Schubspannungen hervor. Solche Mikrorißflächen sind in keramischen Werkzeugwerkstoffen - durch das Sintern bedingt - immer vorhanden.

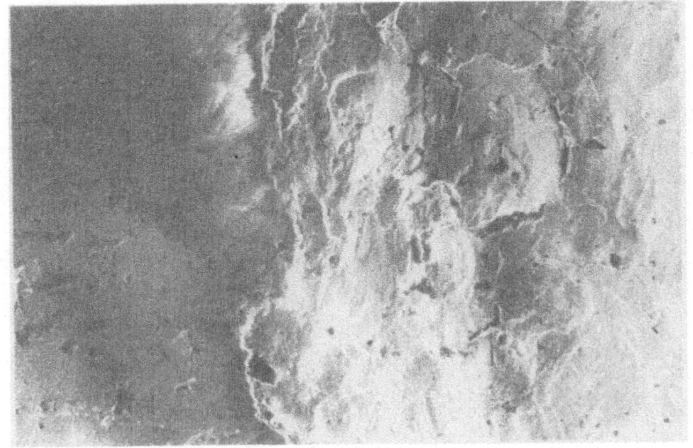

a) Gesamtansicht der Abplatzung.

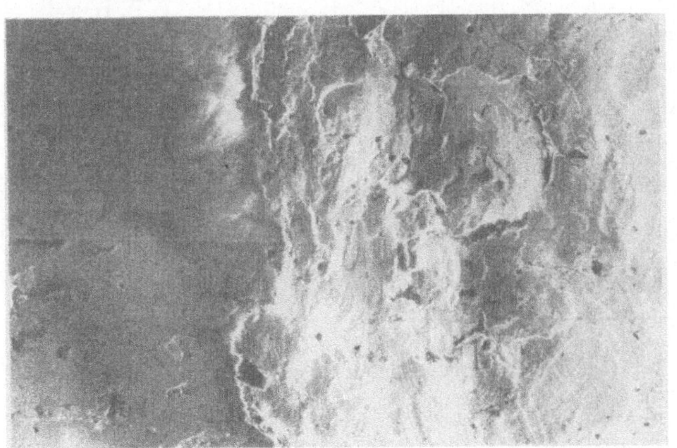

b) Teilansicht der Abplatzung.

Bild 62: REM-Aufnahmen der belasteten ZrO_2-Matrizenoberfläche.

Die Wirkung der Mikrorisse ist ähnlich derjenigen eines einzelnen Bausteins, der aus einem gemauerten Gewölbe entnommen wird. Zusätzlich verursacht der durch den Ringspalt zwischen Stempel-Fließbund und Matrizenbohrung hochfließende Werkstoff Reibschubspannungen in der Matrizenoberfläche. Außerdem ist die Matrize zu Beginn des Fließpreßvorgangs einer schlagartigen Beanspruchung ausgesetzt; sobald der Stempel in das Rohteil einzudringen beginnt, wird dieses axial gestaucht und erfährt damit eine Durchmesservergrößerung auf den Matrizeninnendurchmesser. Das Zusammenwirken dieser Beanspruchungsarten kann zur Abplatzung der Matrizenoberfläche führen. Eine Möglichkeit zur Verminderung der potentiellen bruchauslösenden Mikrorisse besteht in der Anwendung des heißisostatischen Nachverdichtens (HIP - Hot Isostatic Pressing), das allerdings sehr teuer ist. Bei diesem Verfahren wird der Formkörper während des Sintervorgangs zusätzlich mit einem isostatischen Druck von 2 bis 3 kbar beaufschlagt.

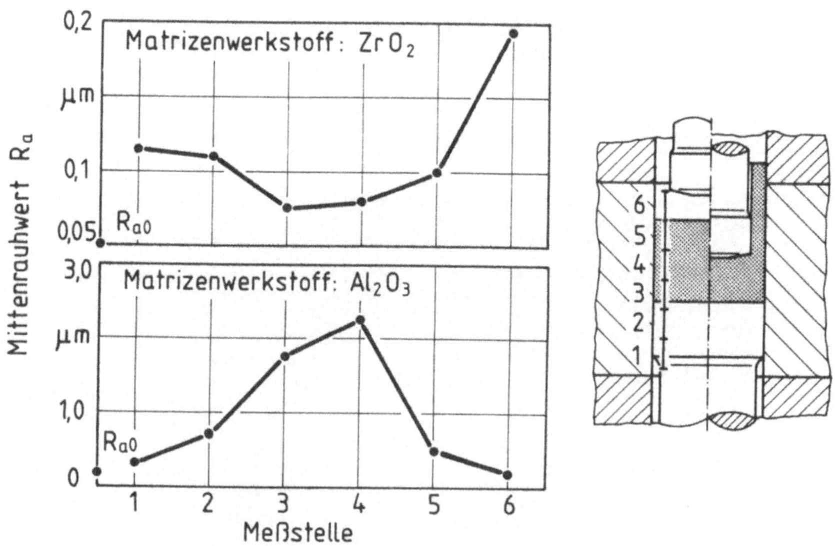

Bild 63: Mittenrauhwerte R_a der Matrizenoberfläche zu Beginn und
am Ende der Versuche.

In der Al_2O_3-Matrize wurden insgesamt ca. 9.200 Teile hergestellt. Dabei hat sich die Matrizeninnenwand sehr stark aufgerauht; Abplatzungen traten nicht auf. Eine Aufrauhung der Oberfläche von Al_2O_3 durch mechanische Beanspruchung wurde auch in [33, 45] festgestellt. In Bild 63 sind die nach der Durchführung der Versuche gemessenen Mittenrauhwerte R_a sowie der über alle Meßstellen gemittelte Anfangswert R_{a0} für die beiden Matrizen dargestellt. Der Mittenrauhwert der Al_2O_3-Matrize nahm hauptsächlich im Bereich der Rohteilmantelfläche zu. Demgegenüber stieg der Mittenrauhwert der ZrO_2-Matrize überwiegend in den Bereichen an, in denen eine Gleitbewegung stattfand. An den Meßstellen 1 und 2 tritt eine Relativbewegung zwischen Gegenstempel und Matrize auf, und an der Meßstelle 6 fließt der aus dem Ringspalt zwischen Stempel-Fließbund und Matrizenbohrung ausgetretene Werkstoff nach oben.

Oberflächenbeschaffenheit der gepreßten Näpfe

Bild 64 gibt Auskunft über den Einfluß der verschiedenen Schmierungsarten auf die Oberflächenfeingestalt der gepreßten Näpfe. Die Oberflächenmaßzahlen:gemittelte Rauhtiefe R_{ZDIN} und gemittelte Glättungstiefe R_{pm} beschreiben die Oberflächenfeingestalt quantitativ. Der Profilleeregrad λ_p ist ein Maß für die Wandlung einer abgespanten oder frei umgeformten Oberfläche $(\lambda_p \geq 0,5)$ zu einer gebunden umgeformten $(\lambda_p \leq 0,5)$ wie es beim NRFP der Fall ist. Die Oberflächenfeingestalt wird maßgeblich durch die Auswirkungen zweier Vorgänge bestimmt. Die Aufrauhung der Oberfläche in der Umformzone hängt von der Tragfähigkeit des Schmierstoffes ab. Die starke Aufrauhung bei den Schmierstoffen Lub Z 25 und THREDKUT 490 läßt auf eine hohe Tragfähigkeit schließen. Der zweite Vorgang ist die Einglättung der Oberfläche beim Abfließen des aus dem Ringspalt zwischen Stempel-Fließbund und Matrizenbohrung ausgetretenen Werkstoffes. Mit wachsender Flächenpressung nimmt die Einglättung der Oberfläche zu. Die relativ hohe Flächenpressung bei Verwendung von THREDKUT 490 im Vergleich zu den beiden anderen Schmierungsarten führt zu einer starken Einglättung der Napfwand. Wesentlicher Nachteil von THREDKUT 490 ist, daß die Schmierstoffschicht den starken Oberflächenvergrößerungen beim NRFP nicht folgen kann und für $h_i/d_i \geq 1,2$ im Bereich des Stempel-Fließbundes zum Aufreißen neigt. Im Hinblick auf eine möglichst gleichmäßige Oberflächenbeschaffenheit ist es ratsam, phosphatierte und beseifte Rohteile ohne Zusatzschmierstoff zu verwenden.

Die Bilder 65 und 66 zeigen die Änderung der Oberflächenfeingestalt der gepreßten Näpfe in Abhängigkeit von der gefertigten Stückzahl. Bei höheren Stückzahlen tritt für beide Matrizenwerkstoffe eine Aufrauhung der Näpfe auf. Die Oberflächenkenngrößen an der Meßstelle 2 der in der Al_2O_3-Matrize gepreßten Näpfe lassen nach einer Stückzahl von ca. 3000 gefertig-

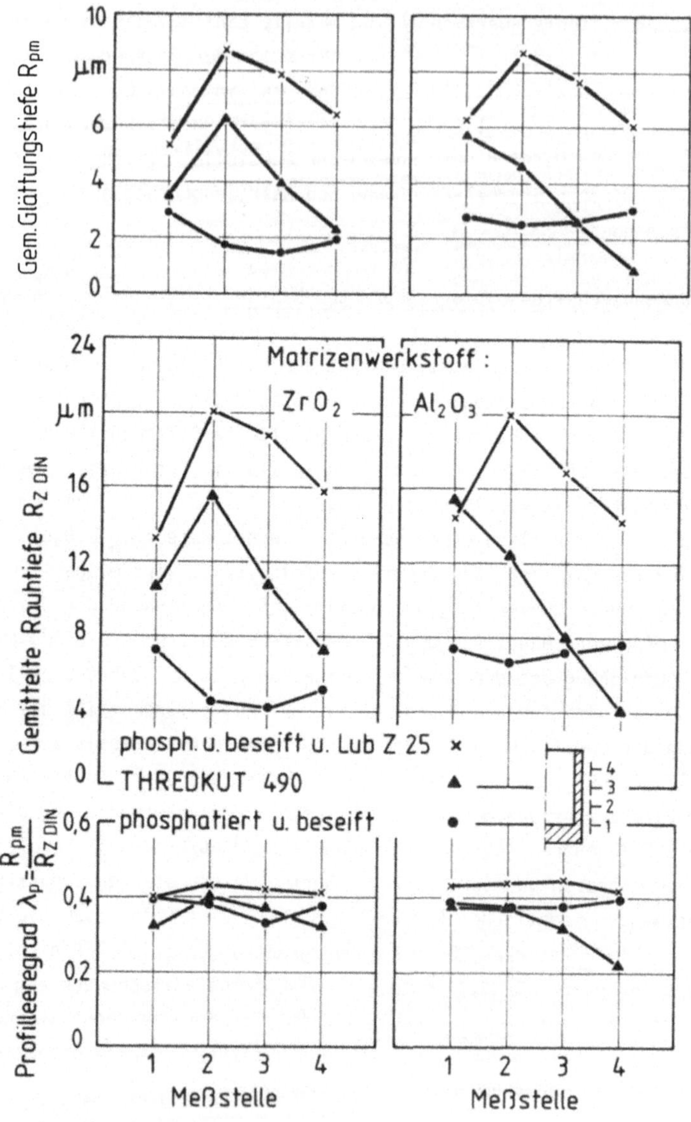

Rohteil: gedreht $R_{Z DIN0}$ = 5,72 μm ; λ_{p0} = 0,5
sandgestrahlt für THREDKUT 490 $R_{Z DIN0}$ = 8,6 μm;
λ_{p0} = 0,51

Bild 64: Oberflächenbeschaffenheit der gepreßten Näpfe bei
Versuchsbeginn.

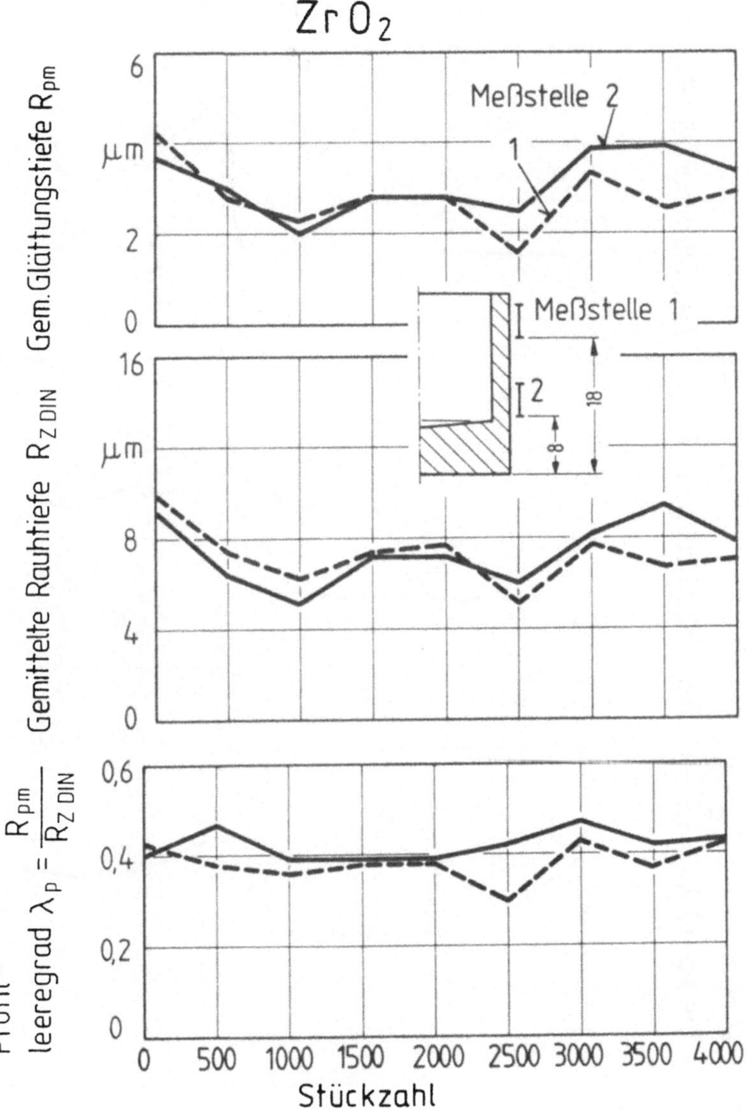

Bild 65: Oberflächenbeschaffenheit der Näpfe in Abhängigkeit
von der Stückzahl.

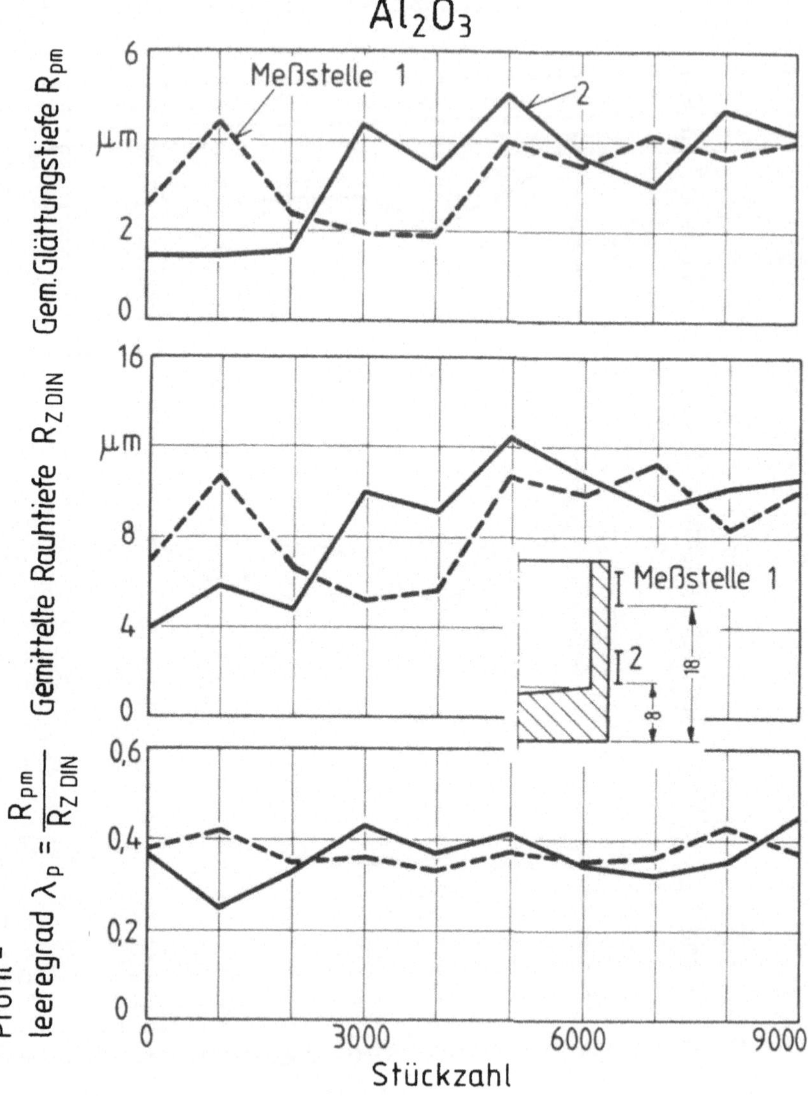

Bild 66: Oberflächenbeschaffenheit der Näpfe in Abhängigkeit
von der Stückzahl.

ten Teilen eine Aufrauhung erkennen. Diese Aufrauhung wurde, wie bereits erwähnt, auch an der Matrize festgestellt. An der Meßstelle 1 ist die Aufrauhung der Näpfe nach ca. 5000 Teilen zu beobachten. Die in der ZrO_2-Matrize gepreßten Näpfe zeigen nach einer Stückzahl von ca. 3000 Teilen gleichfalls den Beginn einer Aufrauhung.

Die Aufrauhung der Näpfe, hervorgerufen durch diejenige der Matrize, stellt ein wesentliches Problem bei der Verwendung keramischer Werkzeugwerkstoffe für Fließpreßmatrizen dar. Ein weiterer Untersuchungspunkt hierzu wäre, das Verschleißverhalten von ZrO_2-Werkstoffen mit kleinerer Korngröße zu prüfen. Eine kleinere Korngröße erhöht die Biegefestigkeit und verbessert das Sprödbruchverhalten, d.h. dynamische Belastungen können leichter aufgenommen werden.

Fließpreßmatrizen aus keramischen Werkzeugwerkstoffen dürfen nur Druck-
beanspruchungen ausgesetzt sein; Zugbeanspruchungen sind nicht zulässig.
Ebenfalls sollen in den Keramikmatrizen keine Schub- und Biegespannungen
auftreten. Bei der Gestaltung der Preßverbände ist deshalb große Sorgfalt
auf die Vermeidung dieser Beanspruchungen zu richten.

Im folgenden sollen die aus der vorliegenden Untersuchung resultierenden
Erkenntnisse bezüglich der Beanspruchung von Keramikmatrizen unter mechanischer Belastung und Temperatureinwirkung sowie der Werkzeuggestaltung
und -herstellung aufgezeigt werden. Außerdem wird versucht, das Anforderungsprofil an einen idealen Matrizenwerkstoff aufzustellen.

Werkzeugbeanspruchung

Die vom Werkstück auf die Matrizeninnenwand ausgeübten Radialkräfte rufen
an den Druckraumgrenzen hohe axiale Zugspannungen hervor. Um diese Zugspannungen wirkungsvoll zu verringern, ist eine axiale Vorspannung der
Matrize erforderlich.

Die beim Fließpressen entstehende Umform- und Reibungswärme führt zu einer
starken Temperaturerhöhung im Oberflächenbereich des Werkzeugs. Es treten
deshalb hohe Temperatur- und Spannungsgradienten auf, die das Werkzeug
stark beanspruchen. Die oberen Werkstoffschichten geraten unter thermische Druckspannungen, die darunterliegenden Schichten unter thermische
Zugspannungen. Für die Werkzeugbeanspruchung ist es jedoch günstig, daß
die betragsmäßig größten Spannungen im Druckgebiet liegen und nur geringe
Zugspannungen auftreten. Der Grund hierfür ist, daß die Temperaturen im
Werkzeug infolge seiner Zylinderform nach außen hin logarithmisch abnehmen
Die thermischen Druckspannungen besitzen den entscheidenden Vorteil, daß
sie die durch den Werkzeuginnendruck hervorgerufenen mechanischen Zugspan-
nungen an der Werkzeuginnenkontur vermindern.

Die Temperaturbeanspruchung des Werkzeugs kann durch Erhöhung der Werkzeuggrundtemperatur verringert werden, da der in das Werkzeug abfließende
Anteil der Umform- und Reibungswärme mit zunehmender Werkzeuggrundtemperatur abnimmt. Dies führt zu einer gleichmäßigeren Temperaturverteilung

im Werkzeug, was eine Verminderung der Wärmespannungen und Temperaturgradienten zur Folge hat. In einem betriebswarmen oder von außen vorgewärmten
Werkzeug tritt deshalb eine geringere Temperaturbeanspruchung auf. Die Erhöhung der Werkzeuggrundtemperatur hat jedoch den Nachteil, daß die rein
mechanischen Zugspannungen in axialer Richtung durch die verminderten Wärmespannungen in geringerem Maße kompensiert werden. Außerdem wird der Oberflächenbereich eines betriebswarmen oder von außen vorgewärmten Werkzeugs
beim Einlegen eines Werkstücks von Raumtemperatur abgeschreckt, und es
bilden sich thermische Zugspannungen aus.

Ein wesentlicher Vorteil des betriebswarmen Zustands des Werkzeugs besteht
darin, daß eine höhere Werkzeugvorspannung auftritt, da sich die Matrize
stärker erwärmt als die Armierung. Der Betrag der Vorspannungserhöhung
wird im wesentlichen von der stationären Temperaturverteilung im Werkzeug
bestimmt. Eine Vorwärmung des Werkzeugs von außen führt dagegen zu einem
Vorspannungsverlust, denn die Keramikmatrize besitzt einen geringeren thermischen Längenausdehnungskoeffizienten als die Stahlarmierung.

Die dargestellten Ergebnisse zeigen, daß die resultierende Werkzeugbeanspruchung durch mechanische Belastung und Temperatureinwirkung im betriebswarmen Zustand des Werkzeugs am geringsten ist. Um die Werkzeugbeanspruchung zu verringern, erweist sich dagegen eine Werkzeugvorwärmung von
außen als ungünstig.

Werkzeuggestaltung und -herstellung

Matrizeneinsätze aus Keramik müssen während des Fügevorgangs und des Einsatzes ausreichend abgestützt sein. Die Preßbüchse wird deshalb am besten
dreiteilig ausgeführt, d.h. sie besteht aus einem Keramikeinsatz und zwei
Stahleinsätzen (s. Bild 55). Beide Stahleinsätze dienen dazu, die Schubbeanspruchung im Keramikeinsatz möglichst gering zu halten. Der obere
Stahleinsatz überträgt die am Übergang zwischen Preßbüchse und Armierung
linienförmig eingeleitete axiale Vorspannkraft auf den Keramikeinsatz.
Wegen des unteren Stahleinsatzes erstreckt sich der Keramikeinsatz nicht
bis an den unteren Rand der Armierung, weshalb er von Beginn des Einpreßvorgangs an über der gesamten Höhe unter radialer Spannung steht [75].
Die einzelnen Bauteile des Preßverbandes mußten durch Einpressen gefügt
werden, da die notwendige Zugspannungsfreiheit des Keramikeinsatzes eine

hohe radiale Vorspannung erfordert. Der Einpreßvorgang kann durch Erwärmung aller Fügeteile auf ungefähr 200°C erleichtert werden, weil die keramischen Werkzeugwerkstoffe im Vergleich zu Stahlwerkstoffen einen geringeren thermischen Längenausdehnungskoeffizienten besitzen. Um die Schubbeanspruchung während des Einpreßvorgangs möglichst gering zu halten, erwies
es sich als günstig, den Keramikeinsatz und den unteren Stahleinsatz gemeinsam einzupressen. In diesem Fall greift die Einpreßkraft an der gesamten Stirnfläche des Keramikeinsatzes an.

Um die Wirksamkeit der axialen Vorspannung zu erhöhen, ist es bei Keramikmatrizen im Gegensatz zu Stahlmatrizen nicht möglich, die Matrize querzuteilen. Diese Querteilung führt zur Kantenpressung und Schubbeanspruchung
(s. Bild 56).

Anforderungsprofil an einen idealen Matrizenwerkstoff

Die Suche nach geeigneten Matrizenwerkstoffen, die die rohstoffkritischen
Hartmetalle ersetzen können, führt zu der Frage, welche Eigenschaften den
idealen Matrizenwerkstoff kennzeichnen. Unabhängig davon, ob alle gestell-
ten Forderungen technisch realisierbar sind oder nicht, soll im folgenden
versucht werden, die Anforderungen an einen idealen Matrizenwerkstoff auf-
zuzeigen. Sie verstärken sich teilweise gegenseitig, teilweise schließen
sie sich jedoch aus. Das aufgestellte Anforderungsprofil soll dazu beitragen, Zielrichtungen für die Weiterentwicklung keramischer Werkzeugwerkstoffe festzulegen.

Im einzelnen sind zu fordern:

- Hohe Temperaturwechselbeständigkeit

Folgende Werkstoffeigenschaften sind erforderlich:

	Idealwert	gültig für
hohe Zugfestigkeit	2.000 N/mm²	Stahl mit der Härte 56 HRC
große Wärmeleitfähigkeit	50 bis 80 W/(mK)	Hartmetall
geringer E-Modul	$2{,}1 \cdot 10^5 \cdot N/mm^2$	Stahl
geringer therm. Längenausdehn.koeff.	$9{,}8 \cdot 10^{-6} K^{-1}$	ZrO_2

Bei der Wahl des thermischen Längenausdehnungskoeffizienten ist folgendes zu beachten:

1. Für die Größe der Wärmespannungen ist ein niedriger Wert vorteilhaft.

2. Falls die Preßbüchse einen geringeren Wert besitzt als die Stahlarmierung, so wirkt dies einer Erhöhung der Vorspannung im betriebswarmen Werkzeug entgegen.

Es wurde deshalb ein Wert vorgeschlagen, der größenordnungsmäßig demjenigen von der Stahlarmierung entspricht.

- Hohe Härte und Verschleißfestigkeit

Keramische Werkzeugwerkstoffe erfüllen beide Anforderungen.

- Dauerfestigkeit

Keramische Werkzeugwerkstoffe besitzen keine ausreichende Dauerfestigkeit.

- <u>Hohe Druckfestigkeit</u>

Al_2O_3 besitzt eine ausreichend hohe Druckfestigkeit. Es gelten folgende
Anhaltswerte [77]:

Al_2O_3	4.000	N/mm²
ZrO_2	2.100	N/mm²
Hartmetall	3.300 bis 5.300	N/mm²
Schnellarbeitsstahl		
schmelzmetallurgisch erzeugt	2.700 bis 3.800	N/mm²
pulvermetallurgisch erzeugt	3.300 bis 4.200	N/mm²
Kaltarbeitsstahl	1.900 bis 3.200	N/mm²

- <u>Größtmögliche Zähigkeit</u>

Keramische Werkzeugwerkstoffe besitzen diese Eigenschaft nicht in aus-
reichendem Maße.
Bruchzähigkeitswerte einiger Werkzeugwerkstoffe [78]:

Warmarbeitsstahl	X40CrMoV51	$1.580 \ N/mm^{(3/2)}$
Kaltarbeitsstahl	X165CrMoV12	$850 \ N/mm^{(3/2)}$
Schnellarbeitsstahl	S 6-5-2	$380 \ N/mm^{(3/2)}$
Hartmetall mit 15 % Co		$540 \ N/mm^{(3/2)}$
Keramische Werkzeug-	ZrO_2	$340 \ N/mm^{(3/2)}$
werkstoffe	Al_2O_3	$185 \ N/mm^{(3/2)}$
	Si_3N_4	$70 \ N/mm^{(3/2)}$

- <u>Kostengünstige Bearbeitbarkeit und Verfügbarkeit des Werkzeugwerkstoffs</u>

Die benötigten Rohstoffe zur Herstellung keramischer Werkzeugwerkstoffe
sind in großen Mengen verfügbar.

Die vorliegende Untersuchung umfaßte zwei Schwerpunkte: Die Berechnung der Beanspruchung von Keramikmatrizen für das NRFP bei Raumtemperatur infolge mechanischer Belastung und Temperatureinwirkung sowie die experimentelle Überprüfung der Einsatzfähigkeit dieser Matrizen. Die zugrunde liegenden keramischen Werkzeugwerkstoffe waren ZrO_2 und Al_2O_3. Außerdem wurde auf Si_3N_4 eingegangen.

Die Beanspruchung der Keramikmatrizen wurde mit Hilfe der Methode der finiten Elemente berechnet. In der Temperaturberechnung wurde die angenommene instationäre Temperaturbelastung auf ein nicht vorgewärmtes, ein von außen vorgewärmtes oder ein betriebswarmes Werkzeug aufgebracht. Die Temperaturbelastung wurde durch eine zeitabhängige Temperatur im Druckraum vorgegeben. Diese Temperatur ist abhängig von der Werkzeuggrundtemperatur, der Umformwärme und der Reibwärme in der Wirkfuge zwischen Werkstück und Matrizeninnenwand. Für die Spannungsberechnung wurden folgende vereinfachende Annahmen zugrunde gelegt: ein konstanter Innendruck über eine begrenzte Druckraumhöhe, ein linear-elastisches Werkstoffverhalten und Reibungsfreiheit zwischen den einzelnen Werkzeugteilen sowie zwischen Werkstück und Werkzeug.

Die gewonnenen Ergebnisse ermöglichen Aussagen über den Temperatureinfluß auf die Beanspruchung von NRFP-Matrizen. Die resultierende Werkzeugbeanspruchung durch mechanische Belastung und Temperatureinwirkung ist im betriebswarmen Zustand des Werkzeugs am geringsten. Um die Werkzeugbeanspruchung zu verringern, erweist sich dagegen eine Werkzeugvorwärmung von außen als ungünstig. Die größten Zugspannungen im Werkzeug werden nicht durch die Temperatureinwirkung hervorgerufen, sondern durch die Innendruckbelastung. Die thermischen Druckspannungen entlang der Matrizeninnenkontur wirken diesen Zugspannungen entgegen. Um diese Zugspannungen gezielt zu verringern, ist jedoch zusätzlich zur Armierung eine axiale Vorspannung der Matrize erforderlich.

Mit Hilfe der Ähnlichkeitsgesetze können die berechneten Temperatur- und Spannungswerte auf Preßverbände mit anderen Abmessungen übertragen werden.

Grundbedingung hierfür ist jedoch die Erfüllung der geometrischen Ähnlichkeit.

Im experimentellen Teil der Untersuchung wurde die grundsätzliche Verwendbarkeit keramischer Werkzeugwerkstoffe für NRFP-Matrizen nachgewiesen. Es wurden Versuche in je einer radial und axial vorgespannten Matrize aus ZrO_2 und Al_2O_3 durchgeführt. Ein wesentliches Problem bei der Verwendung keramischer Werkzeugwerkstoffe für Fließpreßmatrizen stellt die Aufrauhung der Matrizeninnenwand durch die Verschleißbeanspruchung dar. In der ZrO_2-Matrize trat bei ca. 4200 gepreßten Näpfen eine Abplatzung auf, deren Ursache nicht geklärt werden konnte. In der Al_2O_3-Matrize wurden über 9000 Näpfe hergestellt.

Die durchgeführten Versuche stellen jedoch bezüglich des Gesamtgebietes der Werkzeugbeanspruchung nur eine Stichprobenuntersuchung dar. Insbesondere lassen sich daraus keine Aussagen über den Temperatureinfluß auf das Verschleißverhalten keramischer Werkzeugwerkstoffe ableiten. Dafür sind noch weitere Versuche notwendig. Diese Versuche sind auch Voraussetzung für die Beurteilung der Wirtschaftlichkeit des Einsatzes keramischer Matrizenwerkstoffe.

Anhang

A 1   <u>SMART - Steuerprogramm für eine Belastung infolge Vorspannung,
Innendruck, stationäre und überlagerte instationäre Temperatur-
verteilung</u>

SPC-PROGRAM (<u>S</u>MART <u>P</u>ROGRAMMING <u>C</u>ONTROL)

```
DIMENSION TIME (6)              Feld der Zeitwerte
DIMENSION LAST (6)              Feld der Lastbücher
DATA TIME /Ø.,...,Ø.1/          Definieren der Zeitwerte
DATA LAST /4HBQØ1,...,4HBQØ6)   Definieren der Lastbuchnamen
NZEIT = 6                       Anzahl der Zeitschritte
CALL START(1,-1)                Initialisierung der Rechnung,
                                Anzahl der Lastfälle, Genauigkeit


C       ZEITUNABH. TEIL DER TEMPERATURRECHNUNG

CALL INTOP(1)                   Topologie Temperaturnetz
CALL FIXCON                     Information zur Dateneingabe
CALL BELDA                      Elementdatenliste
                                Zuordnungsmatrizen
CALL BSB                        externes / internes Format
CALL BSA                        Element-/ Strukturebene
CALL INDAT(1)                   Einlesen der Daten
CALL ELCO                       Elementkoordinaten zuordnen


C       TEIL DER STATIONÄREN TEMPERATURRECHNUNG

CALL SAMCON(11,1)               Kopieren von Netz 1 auf Netz 11
CALL USENET(11)                 Springen in Netz 11

CALL SAMBUK(4HELDA,1)           Übertragen aller notwendigen
CALL SAMBUK(4HSB  ,1)           Datenbücher aus Netz 1 in
CALL SAMBUK(4HSA  ,1)           Netz 11
CALL SAMBUK(4HBQIN,1)
CALL SAMBUK(4HNPCO,1)
```

```
C       TEIL DER INSTATIONÄREN TEMPERATURRECHNUNG

        CALL USENET(1)                     Springen in Netz 1
        CALL REFBUK(4HBQIN)                Löschen der stationären Tempe-
                                           raturbelastung

        DO 10 N = 1,6                      Schleife über die Lastbücher
        CALL INDAT(1)                      Einlesen der Lastbücher
        CALL COPYH(4HBQIN,LAST(N),+1)      Kopieren und umbenennen der
                                           Buchnamen

        CALL REFBUK(4HBQIN)                Löschen der alten Buchnamen
     10 CONTINUE
        CALL SL                            Elementkonduktivitätsmatrix
        CALL BK                            Gesamtkonduktivitätsmatrix
        CALL COPYH(4HBKLL,4HUMBE,+1)       Kopieren und umbenennen der
                                           Gesamtkonduktivitätsmatrix

        CALL SC                            Elementwärmekapazität
        CALL BM                            Gesamtwärmekapazität

C       STATIONÄRE TEMPERATURRECHNUNG

        CALL USENET(11)                    Springen in Netz 11
        CALL SAMBUK(4HUMBE,1)              Übertragen der Gesamtkondukti-
                                           vitätsmatrix aus Netz 1

        CALL ALTLAB(4HUMBE,4HBKLL)         Umbenennen der Gesamtkondukti-
                                           vitätsmatrix

        CALL SF                            Wärmeübergang auf Elementebene
        CALL BRQ                           Strukturebene
        CALL SR                            Gleichungslösung
        CALL TEMP                          Temperaturformat transformieren
        CALL DATEX(0,4HTEMP)               Ausgabe der Knotentemperaturen
        CALL COPYH(4HSRL ,4HSRL0,+1)       Anfangsbedingung für die in-
                                           stationäre Temperaturberechnung

C       ZEITUNABH. TEIL DER STATISCHEN RECHNUNG

        CALL INTOP(2)                      Springen in Netz 2 (Statik)
        CALL FIXCON                        Informationen zur Dateneingabe
        CALL BELDA                         Elementdatenliste
                                           Zuordnungsmatrizen
        CALL BSB                           externes/internes Format
```

```
      CALL BSA                            Element-/Strukturebene
      CALL INDAT(2)                       Einlesen der Daten
      CALL ALTLAB(4HETAE,4HETAA)          Umbenennen der Anfangsdehnungen
                                          infolge Vorspannung
      CALL SAMBUK(4HNPCO,1)               Übertragen der Koordinaten
                                          aus Netz 1
      CALL ELCO                           Elementkoordinaten zuordnen
      CALL SK                             Elementsteifigkeiten
      CALL BK                             Gesamtsteifigkeit
      CALL BQ                             Elementbezogene Lastmatrix
                                          infolge Innendruck
      CALL TRIA                           Triangularisieren der Gesamt-
                                          steifigkeitsmatrix

C     ZEITSCHLEIFE
      DO 4Ø KTIME = 2,NZEIT
      K = KTIME
      ITIME = KTIME-1
      LTIME = KTIME
      ILAS = LAST(LTIME)                  Lastbuchname
      DELTAT=TIME(KTIME)-TIME(ITIME)      Zeitschrittinkrement

C     ZEITABH. TEIL DER TEMPERATURRECHNUNG
      CALL USENET(1)                      Springen in Netz 1
      IF(K.EQ.2) CALL SAMBUK(4HSRLØ,11)   Stationäres Temperaturfeld
                                          als Anfangswert
      IF(K.EQ.2) CALL REFBUK(4HUMBE)      Löschen der umbenannten
                                          Konduktivitätsmatrix
      CALL BACKLI(DELTAT)                 Effektive Konduktivität
      CALL BAREQI(ILAS)                   Instationärer Wärmeübergang
      CALL BAREAC                         Effektive Wärmelast
      CALL SOLVLI(ITIME,TIME(KTIME))      Gleichungslösung
      CALL SP                             Elementknotentemperaturen
      CALL ETAT                           Wärmedehnungen
      CALL ALTLAB(4HETAE,4HETEE)          Umbenennen der Wärmedehnungen
      CALL TEMP                           Temperaturformat
                                          transformieren
```

```
CALL DATEX(Ø,4HTEMP)              Ausgabe der Knotentemperaturen
CALL ALTLAB(4HSRL ,4HSRLØ)        Anfangsbedingung
                                  nächster Zeitschritt

C       ZEITABH. TEIL DER STATISCHEN RECHNUNG
CALL USENET(2)                    Springen in Netz 2 (Statik)
CALL SAMBUK(4HETEE,1)             Wärmedehnungen aus Netz 1
CALL ADDH(4HETEE,4HETAA,4HETAE,+1) Addition der Wärme- und An-
                                  fangsdehnungen infolge Vor-
                                  spannung
CALL REFBUK(4HETEE)               Löschen der Wärmedehnungen
CALL BJ                           Elementbezogene Lastmatrix
                                  infolge Anfangsdehnungen

                                  Strukturbezogene Lastmatrizen
CALL BRJ                          infolge Anfangsdehnungen
CALL BRQ                          infolge Innendruck

CALL SOLV                         Gleichungslösung
CALL SP                           Elementknotenverschiebungen
CALL ST                          Elementknotenspannungen
CALL NPST                         Gemittelte Knotenpunkts-
                                  spannungen
CALL DATEX(Ø,4HNPST)              Ausgabe der Knotenpunkts-
                                  spannungen
CALL USR                          Verschiebungsformat
                                  transformieren
CALL DATEX(Ø,4HUSR )              Ausgabe der Knotenver-
                                  schiebungen


                                  Löschen
CALL REFBUK(4HBJ  )               elementbez. Lastmatrix infolge
                                  Anfangsdehnungen

CALL REFBUK(4HBRL )               strukturbez. Lastmatrix in-
                                  folge Anfangsdehnungen
CALL REFBUK(4HSRL )               Knotenverschiebungen
CALL REFBUK(4HSRHO)               Elementknotenverschiebungen
CALL REFBUK(4HSIG )               Elementknotenspannungen
```

```
      CALL REFBUK(4HNPST)          Knotenpunktsspannungen
      CALL REFBUK(4HETAE)          Anfangsdehnungen


   40 CONTINUE
      END
```

Schrifttumsverzeichnis

[1] Dörre, E.: Keramische Werkzeugwerkstoffe. In: VDI-Bericht Nr. 432, S. 61 - 67. Düsseldorf: VDI 1982.

[2] Willmann, G.: Konstruktive Auslegung mit Keramik - Stand der Technik. Fachberichte für Metallbearbeitung 59 (1982) S. 397 - 400.

[3] Farren, W.S.; Taylor, G.I.: The Heat Developed during Plastic Extension of Metals. Proc. Roy. Soc. A 107 (1925) S. 422 - 451.

[4] Lamé; Clapeyron: Mémoire sur l'équilibre intérieur des corps solides homogènes. Journal für die reine und angewandte Mathematik, Berlin 1831, S. 145 - 169, 237 - 252, 381 - 413.

[5] Friedewald, H.-J.: Richtlinien für die Konstruktion vorgespannter Fließ- und Strangpreßwerkzeuge. In: VDI-Bericht Nr. 39, S. 42 - 48. Düsseldorf: VDI 1958.

[6] Friedewald, H.-J.: Preßpassungen für Schnitt- und Umformwerkzeuge. VDI-Forschungsheft Nr. 472. Düsseldorf: VDI 1959.

[7] Adler, A.; Walter, K.: Berechnung von einfachen und mehrfachen Preß- passungen. Ind.-Anz. 89 (1967) S. 805 - 809 u. 967 - 971.

[8] VDI 3176: Vorgespannte Preßwerkzeuge für das Kaltumformen. Düssel- dorf: VDI 1964.

[9] VDI 3186: Werkzeuge für das Kaltfließpressen von Stahl, Blatt 3. Düsseldorf: VDI 1974.

[10] Grüning, K.: Über die Beanspruchungsverhältnisse in Blockaufnehmern von Strangpressen. TU Hannover, Dr.-Ing. Diss. 1961.

[11] Lange, K.; Geiger, M.; Rebholz, M.: Analytische Berechnung von Schrumpfverbindungen unter radialem Innendruck. CAD-Berichte, KfK-CAD 98, Karlsruhe 1979.

[12] Kudo, H.; Matsubara, Sh.: Analyse der Spannungen in zylindrischen Werkzeugen endlicher Länge, die einer inneren Druckspannung ausgesetzt sind. Ind.-Anz. 92 (1970) S. 631 - 634.

[13] Krämer, G.: Beitrag zur beanspruchungsgerechten Auslegung von rotationssymmetrischen Fließpreßmatrizen. Berichte aus dem Institut für Umformtechnik, Universität Stuttgart, Nr. 49. Essen: Girardet 1979.

[14] Neitzert, Th.: Auslegung von rotationssymmetrischen Fließpreß-werkzeugen im Bereich elastisch-plastischen Werkstoffverhaltens. Berichte aus dem Institut für Umformtechnik, Universität Stuttgart, Nr. 62. Berlin/Heidelberg/New York/ Tokyo: Springer 1982.

[15] ICFG-Document 5/82: Calculation methods for cold forging tools. ICFG, Portcullis Press Ltd., Redhill 1983.

[16] Leykamm, H.: Beitrag zur Arbeitsgenauigkeit des Kaltmassivumformens. Berichte aus dem Institut für Umformtechnik, Universität Stuttgart, Nr. 57. Berlin/Heidelberg/New York / Tokyo: Springer 1980.

[17] Siebel, E.: Grundlagen und Begriffe der bildsamen Formgebung. Werkstattstechnik und Maschinenbau 40 (1950) S. 373 - 380.

[18] Kopp, R.: Untersuchungen über das Temperaturfeld beim Ziehen von Rundstäben. TH Clausthal, Dr.-Ing. Diss. 1968.

[19] Saeed, I.; Meyer-Nolkemper, H.: Werkzeug geringer belasten. Ind.-Anz. 105 (1983) Nr. 82, S. 39 - 42.

[20] Stute-Schlamme, W.: Konstruktion und thermomechanisches Verhalten rotationssymmetrischer Schmiedegesenke. TU Hannover, Dr.-Ing. Diss. 1981.

[21] Stute-Schlamme, W.; Schmidek: Thermomechanisches Betriebsverhalten von Schmiedegesenken. Ind.-Anz. 97 (1981) Nr. 97, S. 54 - 57.

[22] Dörre, E.A.: Keramische Werkstoffe auf Aluminiumoxid-Basis und ihre Anwendungen. In: VDI-Bericht Nr. 174, S. 19-27. Düsseldorf: VDI 1971.

[23] Dörre, E.A.: Oxidkeramische Werkstoffe - ihre Eigenschaften und Anwendungen unter besonderer Berücksichtigung des Verschleißverhaltens. In: VDI-Bericht Nr. 194, S. 121 - 129. Düsseldorf: VDI 1973.

[24] Sturhahn, H.H.; Dawihl, W.; Thamerus, G.: Anwendungsmöglichkeiten und Werkstoffeigenschaften von Zirkonoxid-Sintererzeugnissen. Ber. Dt. Keram. Ges. 52 (1975) Nr. 3, S. 59 - 62 u. Nr. 4, S. 84 - 86.

[25] Dawihl, W.; Klingler, E.: Verwendbarkeit von gesintertem Aluminiumoxid als verschleißbeständiger und warmfester Werkstoff. Stahl u. Eisen 87 (1967) S. 273 - 280.

[26] Dawihl, W.: Oxidkeramische Werkstoffe im allgemeinen Maschinenbau. Forschungshefte Forschungskuratorium Maschinenbau e.V. 37 (1975).

[27] N.N.: Tough Alloys Become Extrudable With Zirconium Oxide Dies. The Iron Age 196 (1965) 7, S. 58 - 59.

[28] Hunt, J.G.: Ceramic dies for hot extrusion. Tool + Manufact. Eng. 54 (1965) 3, S. 73 - 74.

[29] Croeni, J.G.; Howe, J.S.: Two aids to extrusion of high-temperature refractories. Tool + Manufact. Eng. 56 (1966) 4, S. 59.

[30] Howe, J.S.: Die Inserts. Mater. Design. Engng. 61 (1965) 5, S. 123.

[31] N.N.: Keramische Strangpreßmatrizen-Einsätze. Draht 34 (1983) S. 618.

[32] Leibold, H.; Rönigk, B.: Keramische und metallkeramische Werkstoffe für hochbeanspruchte Strangpreßmatrizen. Z. Metallkde. 62 (1971) S. 270 - 273.

[33] Sturhahn, H.H.; Thamerus G.; Eichas, H.C.: Neuer oxidischer Werk-
      stoff für die Drahtherstellung. Draht 25 (1974) S. 487 - 490.

[34] Sturhahn, H.H.; Schorr, P.: Oxidische Sinterwerkstoffe zum Ziehen
      von Präzisionsstahlrohren. Technische Information der Feldmühle AG.

[35] Lyons, J.V.; Nileshwar, V.B.; Diller, J.H.: The use of ceramic
      materials for cold drawing tools. Wire Industry 46 (1979) 542,
      S. 109 - 112 u. 116.

[36] Oberländer, K.: Werkzeugwerkstoffe zum Umformen nichtrostender
      Bleche. wt - Z. ind. Fertig. 64 (1974) S. 1 - 5.

[37] Petzold, A.: Anorganisch-nichtmetallische Werkstoffe. 1. Auflage.
      Berlin/Heidelberg/New York/Tokyo: Springer 1981.

[38] Salmang, H.; Scholze, H.: Keramik, Teil 1: Allgemeine Grundlagen
      und wichtige Eigenschaften, Teil 2: Keramische Werkstoffe. 6. Aufl.
      Berlin/Heidelberg/New York/Tokyo: Springer 1982 u. 1983.

[39] Davidge, R.W.: Mechanical behaviour of ceramics. Cambridge:
      Cambridge Univ. Press 1979.

[40] Sturhahn, H.H.: Properties of Oxide Ceramics. Wire Industry 45
      (1978) S. 870 - 871.

[41] Firmenschrift: Krupp Widia Essen.

[42] Werkstoffblätter: Edelstahlwerke Buderus AG Wetzlar.

[43] Richerson, D.W.: Modern Ceramic Engineering. Manufactoring enginee-
      ring and materials processing, vol. 8. New York/Basel: Marcel
      Dekker, Inc. 1982.

[44] Lamon, J.: Fiabilité des matériaux céramiques. Application de
      l'analyse statistique de la rupture au cas des chocs thermiques. In:
      Tagungsunterlagen zum 5th Colloquium: "Méchanique et Métallurgie,
      14.-15. März 1984, Tarbes.

[45] Engel, L.; Leidenroth, V.; Thiemann, K.-H.: Schäden an keramischen
Werkstoffen des Maschinenbaus. VDI-Z. 124 (1982) S. 815 - 820.

[46] Kingery, W.D.: Factors Affecting Thermal Stress Resistance of
Ceramic Materials. J. Amer. Ceram. Soc. 38 (1955) S. 3 - 15.

[47] Hennicke, H.W.; Kersting, R.: Über die Temperaturwechselbeständig-
keit keramischer Werkstoffe. In: Handbuch der Keramik. Freiburg:
Schmid 1970.
Gruppe IV B 2i, S. 1 - 8.

[48] Buessem, W.R.: Die Temperaturwechselbeständigkeit keramischer Massen.
Sprechsaal 93 (1960) 6, S. 137 - 141.

[49] Hasselman, D.P.H.: Figures - of - Merit for the Thermal Stress
Resistance of High-Temperature Brittle Materials: a Review.
Ceramurgia International 4 (1978) 4, S. 147 - 150.

[50] Buck, K.E.; Scharpf, D.W.; Stein, E.; Wunderlich, W.: Finite Elemente
in der Statik. München: W. Ernst u. Sohn 1973.

[51] Zienkiewicz, O.C.: Methode der finiten Elemente. 2. Aufl. München,
Wien: Hanser 1984.

[52] Schwarz, H.R.: Methode der finiten Elemente. Stuttgart: Teubner 1980.

[53] Grigull, U.; Sandner, H.: Wärmeleitung. Berlin/Heidelberg/New York/
Tokyo: Springer 1979.

[54] Argyris, J.H.; Warnke, E.P.; Willam, K.J.: Berechnung von Tempera-
tur- und Feuchtefeldern in Massivbauten nach der Methode der finiten
Elemente. ISD-Bericht Nr. 213, Universität Stuttgart: 1977.

[55] Argyris, J.H.; Faust, G.; Roy, J.R.; Szimmat, J.; Warnke, E.P.;
Willam, K.J.: Finite Elemente zur Berechnung von Spannbeton-Reaktor-
druckbehältern. Deutscher Ausschuß für Stahlbeton, Heft 234. München:
W. Ernst u. Sohn 1973.

[56] SMART II: Stationäre Diffusion. ISD-Bericht Nr. 187, Universität
      Stuttgart: 1976.

[57] Szimmat, J.: SMART II, 2 - Instationäre Diffusion. ISD-Bericht
      Nr. 192, Revision A, Universität Stuttgart: 1982.

[58] SMART I: Lineare Elastostatik. ISD-Bericht Nr. 186, Universität
      Stuttgart: 1976.

[59] Gröber; Erk; Grigull: Die Grundgesetze der Wärmeübertragung. 3. Neu-
      druck der 3. Aufl. Berlin/Heidelberg/New York/Tokyo: Springer 1981.

[60] Beck, G.: Über die Beanspruchung von Schmiedegesenken durch Wärme.
      TU Hannover, Dr.-Ing. Diss. 1957.

[61] Dalheimer, R.: Die Wärmeübergangszahl zwischen Werkstück und Werk-
      zeug während des Umformens von Al-Legierungen. Ind.-Anz. 92 (1970)
      S. 1731 - 1732.

[62] Klafs, U.: Ein Beitrag zur Bestimmung der Temperaturverteilung in
      Werkzeug und Werkstück beim Warmumformen. TU Hannover, Dr.-Ing. Diss.
      1969.

[63] Lange, G.: Der Wärmehaushalt beim Strangpressen, Teil 1. Z. Metall-
      kde. 62 (1971) S. 571 - 577.

[64] Lange, K. (Hrsg.): Umformtechnik, Band 1: Grundlagen. 2. Aufl.
      Berlin/Heidelberg/New York/Tokyo: Springer 1984.

[65] Werkstoffhilfsblätter zu den Übungen in Maschinenelementen.
      TH Darmstadt 1970.

[66] ICFG-Document 4/82: General aspects of tool design and tool materials
      for cold and warm forging. ICFG, Portcullis Press Ltd., Redhill.

[67]   Kindbom, L.: Warmrißbildung bei der Temperaturwechselbeanspruchung
       von Warmarbeitswerkzeugen. Archiv f. d. Eisenhüttenwesen 35 (1964)
       S. 773 - 780.

[68]   Richter, F.: Physikalische Eigenschaften von Stählen und ihre Tem-
       peraturabhängigkeit. Stahleisen - Sonderberichte H. 10. Düsseldorf:
       Verlag Stahleisen m.b.H. 1983.

[69]   Bungardt, K.; Spyra, W.: Wärmeleitfähigkeit von Stählen und Legie-
       rungen bei Temperaturen zwischen 20 und 700°C. Archiv f. d. Eisen-
       hüttenwesen 36 (1965) S. 257 - 267.

[70]   Geiger, M.: Leistungsfähigkeit der Finite-Elemente-Methode bei der
       Auslegung von Fließpreßmatrizen. In: Umformtechnik '84, Festschrift
       zum 65. Geburtstag von Professor Dr.-Ing. K. Lange. Verein der ehe-
       maligen Mitarbeiter des Instituts für Umformtechnik der Universität
       Stuttgart e.V., 1984, S. 211 - 229.

[71]   Neubert, B.; Voelkner, W.: Ermittlung der Werkzeugbeanspruchung
       beim Fließpressen. Fertigungstechnik und Betrieb, Berlin 29 (1979)
       S. 681 - 685.

[72]   VDI 3185: Berechnung der bezogenen Stempelkraft und der größten
       Fließpreßkraft für das Napf-Rückwärts-Fließpressen von Stahl bei
       Raumtemperatur, Blatt 2. Düsseldorf: VDI 1970.

[73]   Schmitt, G.: Untersuchungen über das Rückwärts-Napffließpressen von
       Stahl bei Raumtemperatur. Berichte aus dem Institut für Umform-
       technik, Universität Stuttgart, Nr. 7. Essen: Girardet 1968.

[74]   van der Held: Die Ähnlichkeitsgesetze in der Wärmelehre. Zeitschr.
       f. techn. Physik 21 (1940) S. 79 - 85.

[75]   Panknin, W.: Das Fassen von Matrizen mittels plastischer Zwischen-
       schicht. In: VDI-Bericht Nr. 139, S. 61 - 63. Düsseldorf: VDI 1969.

[76] Pöhlandt, K.: Vergleichende Betrachtung der Verfahren zur Prüfung der plastischen Eigenschaften metallischer Werkstoffe. Berichte aus dem Institut für Umformtechnik, Universität Stuttgart, Nr. 80. Berlin/ Heidelberg/New York/Tokyo: Springer 1984.

[77] Geiger, R.; Woska, R.: Fließpressen. In: Spur, G.; Stöferle, Th.: Handbuch der Fertigungstechnik. Bd. 2/2 Umformen, S. 928 - 1049. München, Wien: Hanser 1984.

[78] Schröder, G.: Anwendung von Methoden der Bruchmechanik zur Lebensdauervorhersage bei Umformwerkzeugen. In: Tagungsunterlagen zum Seminar: "Neuere Entwicklungen in der Massivumformung", Forschungsgesellschaft Umformtechnik mbH., 7.-8. Juni 1983, Stuttgart.

Berichte aus dem Institut für Umformtechnik der Universität Stuttgart

Herausgeber Professor Dr.-Ing. Kurt Lange

Die Berichte 1 bis 66 sind zu beziehen durch das Institut für Umformtechnik, Holzgartenstr. 17, 7000 Stuttgart 1

Die Berichte 67 und folgende sind zu beziehen durch den Springer-Verlag, Berlin Heidelberg New York Tokyo

Die Berichte 67 und folgende sind zu beziehen durch den Springer-Verlag, Berlin Heidelberg New York Tokyo